L O S T

如果乌鸦从世界上消失

[日] 松原始 著
潘小多 译

中央编译出版社
Central Compilation & Translation Press

图书在版编目（CIP）数据

如果乌鸦从世界上消失 /（日）松原始著；潘小多译. -- 北京：中央编译出版社，2025.8. -- ISBN 978-7-5117-4930-7

Ⅰ. Q959.7-49

中国国家版本馆CIP数据核字第2025G32N05号

MOSHIMO SEKAI KARA KARASU GA KIETARA
© HAJIME MATSUBARA 2023
Originally published in Japan in 2023 by X-Knowledge Co., Ltd.
Chinese (in simplified character only) translation rights arranged with X-Knowledge Co., Ltd. TOKYO, through g-Agency Co., Ltd, TOKYO.

著作权合同登记号：图字 01-2025-2064 号

如果乌鸦从世界上消失

责任编辑	赵可佳
责任印制	李 颖
出版发行	中央编译出版社
地　　址	北京市海淀区北四环西路 69 号（100080）
网　　址	www.cctpcm.com
电　　话	（010）55627392（总编室）　（010）55627362（编辑室） （010）55627320（发行部）　（010）55627377（新技术部）
经　　销	全国新华书店
印　　刷	北京印刷集团有限责任公司
开　　本	787 毫米 ×1092 毫米 1/32
字　　数	131 千字
印　　张	9
版　　次	2025 年 8 月第 1 版
印　　次	2025 年 8 月第 1 次印刷
定　　价	68.00 元

新浪微博：@中央编译出版社　　　微　信：中央编译出版社（ID：cctphome）
淘宝店铺：中央编译出版社直销店（http://shop108367160.taobao.com）（010）55627331

本社常年法律顾问：北京市吴栾赵阎律师事务所律师　闫军　梁勤
凡有印装质量问题，本社负责调换，电话：（010）55627320

序幕

如果乌鸦从世界上消失

"天下乌鸦皆诛灭,与君共卧起床迟。"[1]

我被麻雀和灰喜鹊的叫声吵醒,发现时间还很早。努力在床上躺了半晌,却也没有办法再睡个回笼觉。于是干脆起来,梳洗穿戴停当,拿了手机和矿泉水,蹬上慢跑鞋出门。

公寓门口的路面上堆着垃圾袋,提醒我今天是回收可燃垃圾的日子,不过我寻思晨跑回来再扔垃圾应该也来得及。这边没什么野猫,垃圾袋基本也没有被乱

---

1 日本一款桌游游戏中的诗句。其背景是如果没有早晨乌鸦聒噪,就可以和青楼女子睡到日上三竿。游戏的内容就是要在早晨到来前杀死所有出现的乌鸦。——译者注

翻过。

咦？刚才莫名感觉有些奇怪，这是怎么回事呢？

不过，这种莫名的感觉在我拿起手机后就消失了。我一般会在跑步的时候玩游戏，在跑步途中抓几只"宝可梦"。昨天晚上跑步的时候也顺便抓了一只，就是游戏里的"黑暗鸦"。

我有点儿好奇这个名字。黑暗鸦，真的有这个宝可梦吗？想想好像也有，就是进化以后"砰"的一下变得超强的那只。总觉得"砰"的那一下音感上非常熟悉。

因为没想清楚，所以多少有几分不爽，不过我还是按原计划开始跑步。为了让心情好起来，我戴上耳机听起音乐。曲子是随机播放的，一上来就是星野源的《恋》。虽然这可能不是一首适合晨间跑步的歌，但感觉还不错。再说我也很喜欢看《逃避虽可耻但有用》。

"随风而来的，是松鸦和人群。"

奇怪吗？并不奇怪。这个说法是对的。秋天时常能看到松鸦成群飞翔的情景。鸦科的鸟类还包括喜鹊、灰喜鹊、星鸦等。喜鹊在日本被称为"kachi松鸦"[1]，而韩语里的发音正是"kkachi"，二者也许有些关联。

想到这里，我脑海里突然出现了一个有些怪异和不合理的设定——这个世界里如果没有乌鸦会怎样？

当然，"只有乌鸦消失的世界"应该是不成立的。在一个没有进化出乌鸦的世界里，肯定还存在着其他与今天不一样的地方。或许会有其他的鸟儿来取代乌鸦的位置，我们的生活也很有可能出现某种变化。我知道这个想法有点儿"癫"，却忍不住不去想。

循着这个思路，我开始尝试想象没有乌鸦的世界，于是就有了这本书。所谓"失去才意识到重要"，是一个很俗套的说法。但是，我很想知道，没有乌鸦的世界会变成什么样子。是与现在别无二致，还是会彻底崩塌？说实话，直到开始动笔，我对此依然毫无头绪。

---

[1] 根据作者原文，松鸦的日语写法是"カケス"，喜鹊也被称为"カチカケス"，两者名称相近。——编者注

目 录

第一幕　如果乌鸦从生态系统消失

乌鸦是关键种吗？　　　　　　　　　　　　　3
　　乌鸦在生态系统中的作用　　　　　　　　8
　　乌鸦到底是哪种鸟　　　　　　　　　　　18
　　乌鸦算不算生态系统中的"便利店"　　　24
　　乌鸦灭绝后的常夏之岛　　　　　　　　　30

第二幕　如果乌鸦从生物进化史消失

如果乌鸦从未出现　　　　　　　　　　　　39
　　纸上谈兵想象未来　　　　　　　　　　　43
可以取代乌鸦的鸟类　　　　　　　　　　　　52
　　候选者0号：有血缘关系不可以吗　　　　52

候选者1号：食腐类的家伙们	58
候选者2号：爱吃水果的杂食性鸟类	63
喙真的能长大吗？	71
候选者3号：鹦鹉和鹦哥居然也有资格	74
彻底改变食性	80
特别候选者：神级	86
究竟应该长什么颜色	87

第三幕　如果乌鸦从人类社会消失

如果乌鸦从宗教中消失	**99**
古代神话和自然信仰中的乌鸦	101
基督教中的乌鸦	109
伊斯兰教中的乌鸦	116
佛教中的乌鸦	117
宗教文化中的候选者	120
日本民间信仰中的乌鸦	124
如果乌鸦从文学作品中消失	**128**
《乌鸦》（*The Raven*）	128

如果乌鸦从娱乐生活中消失   139
  《精灵宝可梦》   139
  《鬼灭之刃》   140
  《美少女战士》   142
  《杜利特医生航海记》   145
  《机动警察》大电影   147
  《猫的报恩》   148
  《乌鸦面包店》系列绘本   152
  《偏偏变成了乌鸦》   153
  《晚安乌鸦,欢迎再来》   154
  《熊和乌鸦》《永动机北长尾山雀》   155
  《乌鸦课长大人》   156
  《深夜食堂》   156

如果乌鸦从名字中消失   161
  如果乌鸦从鸟的名字中消失   161
  如果乌鸦从人的名字中消失   172

如果乌鸦从学术圈消失   178
  对生物学的影响   178
  对动物智能研究产生影响的新喀鸦   183

会不会出现像乌鸦一样高智商的鸟类	189
乌贼和章鱼居然成了竞争对手	194
乌鸦适合全民科普研究？	197

第四幕　乌鸦候选者试镜

在最终审核之前	205
对营巢地点的二次考察	205
乌鸦候选者生活的世界	212
食腐候选者的阵营	213
候选者第一梯队：美洲鹫、秃鹫、黑鸢、卡拉卡拉鹰	213
鸦雕 vs. 鸦鹫	217
传播种子的候选者	222
海鸥能否胜任	224
都市鸟类候选者的阵营	228
候选者第二梯队：灰椋鸟、蓝矶鸫	228
在都市营巢的鸟类	232
聪明鸟类的候选者	240

候选者第三梯队：鹦哥和鹦鹉　　　　　　　　240
需要附加条件的候选者　　　　　　　　　　　　248
　　候选者第四梯队：改吃水果的食腐鸟类　　　248
　　候选者第五梯队：改吃肉食的鸽子　　　　　253

最终结果：找不出一个完美候选者？　　　　　　261

最后一幕　鸟类学家松原的平行日常　　　　　　271
主要参考文献　　　　　　　　　　　　　　　　274

第一幕

如果乌鸦从生态系统消失

乌鸦是关键种吗?

我想你一定听说过一句话:"如果某某生物消失,生态系统就会瓦解。"这未必是夸张的表述。北太平洋巨大的褐藻林就是一个著名的例子。

巨大的海藻长度可达几十米,它们在海底茂密生长,形成海底森林,为各种生物提供栖息之所,也可以合成营养成分。海底森林里,多种生物在捕食和被捕食的关系中共存。1971年,当时还是生态学研究生的詹姆斯·埃斯特斯对阿留申群岛中两座岛屿的海洋生态系统进行了比较。其中,在阿姆奇特卡岛上有海獭栖息,而在谢米亚岛上,过度捕猎造成的恶果一直存在,岛上几乎没有海獭的种群。

不仅如此,两个岛屿周边海域的样貌也完全不同。在阿姆奇特卡岛周围的海底,生长着茂密的褐藻森林,还有多种多样的生物;而在谢米亚岛附近,几乎没有褐藻森林，相比之下，生物种类也少得多。

海獭以海胆为食物。没有海獭，海胆数量就会激增。大量的海胆会吃掉很多褐藻，导致褐藻无法长大，最终造成其他依赖褐藻生存的生物失去栖息地。对于海底森林生态系统而言，其存在的关键因素就是海獭。

这种一旦缺失就会造成整个生态系统崩溃的物种被称为关键种（Keystone Species）。所谓Keystone，是指拱形砖石结构中的拱顶石。它通过承受整个结构的压力来保持拱形的完整。如果取走这块石头，整个结构就会崩塌。

当然，生态系统的每个物种都在各司其职，无论哪个单一物种消失，都不会引发生态系统的崩溃。由众多物种组成的生态系统就像是一堵由许多砖块砌成的墙，拿走一两块砖头，墙并不会塌。但是，有些物种的影响只有在它消失后才能显现出来，而且这并不是个例。

有论文提出观点，当存在猛禽等顶级捕食者时，生态系统的多样性会更加丰富。也有人认为事实并非如此。最新公布的研究表明，虽然不适用于所有情况，但是在有顶级捕食者的环境中，生态系统的多样性的确更加丰富（对于存在机制，未来仍需要推进研究。到底是因为有顶级捕食者才产生了多样性，还是因为存在多样性才会有顶级捕食者）。这一结果让人们再次认识到猛禽保护的重要性。论文同时提到一点——除猛禽等很亮眼的生物外，关于其他捕食者的信息极其有限。乌鸦也是一种捕食者，如果没有乌鸦，生物系统可能也会受到某些意想不到的影响（当然也不能断言一定会有）。

如果乌鸦消失了会发生什么呢？要讨论这个，我们就需要知道乌鸦做了什么。

乌鸦的行为=偷食垃圾。

估计大多数人第一反应就是这个，当然也没有错。

乌鸦具有食腐动物的特点，会吃动物的残骸，还会吃其他动物的食物残渣。这类食腐动物，被称为"自然界的清道夫"。在生物系统的物质循环中，它们存在于将尸骸最终分解为无机物的第一阶段。

在城市中，动物的尸骸并不常见，相比之下厨余垃圾倒是不少。这些厨余垃圾是人们吃剩的食物，从生态学角度说，和狮子吃剩的角马尸骸没有什么区别。至于"把垃圾扔到垃圾站等待回收处理"，那是人类的事情，和乌鸦无关。因为在乌鸦的行为准则中，可以吃掉在地上的一切东西。

如果没有乌鸦，就不会出现垃圾袋被弄破翻乱的事情。虽然有可能会有流浪猫和流浪狗出手，但是这年头几乎没有流浪狗了，流浪猫也都有固定的活动地点，有人定时投喂，所以基本不会造成什么问题。

可能还有人因为院里的柿子被乌鸦啄食而大为光火。的确，乌鸦也吃果实。不仅会吃柿子或枇杷这种个头大果实，也不放过樟树和吉野樱等街边树木的小果实，甚至连又硬又干的乌桕树果实也能成为它们的小零食。如果没有乌鸦，院子里赏心悦目的金黄色柿子也不会被叼走了。

除了祸害柿子，还有人会说可爱的燕子的窝也会遭到乌鸦的偷袭。这也是事实，因为乌鸦会捕食小动物。乌鸦属于杂食类，吃荤的时候也不少。自然界中的肉类无非这两种——还活着的肉和已经死了的肉。不吃活的肉，只是因为觉得要追捕对方或抵抗反击是件麻烦事。简单地

说，选择食腐，就是选择吃"不会带来麻烦的肉"，以及"不费吹灰之力就能弄到的肉"。

于是，乌鸦也会将凭借一己之力能够捕获的小型动物当作食物。昆虫是常见菜谱，时不时地来几只小龙虾。有人看到过乌鸦吃老鼠，还有的乌鸦能努努力吃个鸽子什么的。在人们的认知中，袭击哺乳动物或鸟类的捕食者都很生猛，吃昆虫的则相对温和。其实二者在本质上并无区别，只不过是在捕食的时候寻找符合自己体形和特点的对象下手而已。比如，乌鸦吃鸽子大都不是靠自己捕食。比较常见的情况是鸽子先遭遇不幸，而乌鸦"碰巧"赶上，幸运地吃了一顿大餐。

我曾经目睹过几次乌鸦袭击鸽子的情景，从没有看到乌鸦得手，不过倒是看到了它发起袭击的过程。乌鸦没有猛禽那样巨大的利爪，所以既不能将鸽子完全控制住，也不能一击致命。鹰捕食时从高空俯冲，在用利爪将猎物牢牢固定的同时造成致命伤。隼则能够咬断猎物的颈椎，也是瞬间致死。乌鸦没有这样的本事，只能用笨办法，一直啄鸽子的脖颈，效率低下，而且非常血腥。

所谓成功的捕食，其实就是猎物没能逃脱而已。冲绳有一种琉球大嘴乌鸦，它们会捕食冲绳秧鸡。捕食过程就是将冲绳秧鸡赶到道路边的小沟里，让其无路可逃，靠这个成功得手。我曾经在别人那里看到过记录琉球大嘴乌鸦捕食叉尾鸥瞬间的照片，也是把叉尾鸥按在浅水里，这样做比较容易成功。

由此可见，乌鸦专挑没有什么反击能力的弱小对象下手。这也是乌鸦袭击其他鸟类巢穴的理由，因为鸟蛋和雏鸟是很容易成功捕获的。如果没有乌鸦，小燕子大概率也不会不幸遇难。

总结一下上面的情况，如果没有乌鸦，厨余垃圾不会被弄得满地都是，院子里的柿子和黄瓜不会被啄得体无完肤，可爱的小燕子还能安居于旧垒之中，一切都会是人们更加喜闻乐见的结果。

★ 乌鸦在生态系统中的作用

但我们也要看到事物的另一面。

当你走在街道上时，可能会踩到别人不小心掉在地上的鸡块，或是某个醉汉的呕吐物，而这种概率会伴随着乌鸦的消失而增高。一直以来，乌鸦都是"打扫"地面遗撒物的清洁工。

同时，植物可能不会像现在这样突然萌发在意想不到的地方。因为当乌鸦吃掉果实后，就成了种子的搬运工。有珠山火山喷发后，登山道两旁很快长出了植被，有研究人员认为这是伴随着游客的出现，乌鸦很快回归此地所致。当然，能够搬运种子的鸟类还有很多。但是，在日本全境，像乌鸦这么大的以果实为食的鸟类再也找不出第二种。而鸟的身形大小决定了能够搬运的种子大小和飞行距离。

在自然界中还有类似的情况。当鹿死时，去分食尸骸的并不是乌鸦，而是其他的动物。有研究表明，在美洲大陆有美洲鹫分食尸骸，日本并没有美洲鹫，但两地鹿的尸骸消失的时间几乎差不多（大致为7天），这是因为在日本有其他的哺乳类动物在努力做"清扫"工作。不过，无论是在美洲还是在日本，乌鸦都为分食尸骸贡献着自己的一分力量。乌鸦的体重和貉相比要轻得多，但如果是成群活动，战斗力还是相当惊人的。和体重相比，鸟的食量非常大。因为可以飞翔，也就比较容易集结成群。

一顿美餐能够吸引许多乌鸦。我曾在山里看到一只死去的山鸡周围聚集了六只大嘴乌鸦，也在北海道看到死去的梅花鹿周围集结了大量的乌鸦。因为当时在森林里，无法准确地清点数量，但是感觉至少有三十几只。其实都不需要找野生环境中的例子，看看清早热闹的街头，有那么多乌鸦的身影，仿佛就是循着美食而来的觅食军团。

如果没有乌鸦，自然界里尸骸分解的过程必然会变得缓慢。即使没有到达"乌鸦消失会导致尸骸遍地，继而引发瘟疫"的严重程度，但分解速度变慢就会造成生物系统的物质循环速度稍稍变慢。以人类社会为例，相当于资源、物品或是货币流通的过程变缓，导致经济发展出现停滞。

乌鸦捕食的小动物主要是昆虫。如果你是一位昆虫爱好者，看见毛毛虫也会觉得呆萌可爱，那自然另当别论,否则最好不要在林荫下散步。城市的林荫树上通常会有体形较大的毛虫——这种说法过于笼统,准确地说基本是鳞翅目蝶或蛾的部分幼虫。乌鸦是这些毛虫的天敌。在大正时代(1912—1926)北海道曾经爆发过蝗灾,多亏了乌鸦和灰椋鸟将蝗虫变成腹中餐,才使得农作物不至于被蚕食殆尽。所以,如果没有了乌鸦,我们就只剩下两个选择——任由昆虫肆意生长,抑或是使用杀虫剂。

看到这里,大家应该会发现事情很容易陷入矛盾。人们最容易达成的共识是:因为无法原谅乌鸦吃掉小燕子,所以宁可选择使用杀虫剂。然而,这样一来,又消灭了燕子的主要食物——小型昆虫。还有一点,在现代都市里,人类对鸟窝的围剿和乌鸦一样成了燕子的天敌,其严重程度有时甚至超过乌鸦。曾几何时,燕子是插秧季节飞来的候鸟,会在水田里捕食昆虫,是一种益鸟。它们会在屋檐下筑巢,有时甚至会住进屋内,被视为带来幸运的鸟儿。然而,现代日本从事农业的人口越来越少,燕子也就失去了益鸟的作用。相比于带来幸运这样的迷信说法,燕子会把粪便拉在家门前干干净净的汽车上,所以更像是一种制造麻烦的鸟。

尽管街道的清扫工作可以雇人打扫，但是如果乌鸦能多少起到些作用，也不是一件坏事。当然，乌鸦会排泄粪便，有时会把捡来的食物偷偷藏到某个地方，不排除最终又增加了工作量的可能。园林造景由设计者巧妙安排，但在帮助散播种子方面，自然界中的鸟类都是会播种的"园艺师"，乌鸦也是其中之一。

综上所述，如果乌鸦消失，应该不会导致生态系统即刻崩溃，但是会在各种细微之处逐渐产生影响。或许会有其他动物来填补乌鸦的空位，即便如此，也会在细节上有所不同。至于那些无法由其他动物取代的地方，则会出现明显的变化。

有人明确表示讨厌乌鸦，这是每个人的自由。但是对于"那种东西什么用也没有"的言论，我很难苟同。也许乌鸦对人没有什么帮助，但是我们不能忘记它在生态系统中的作用。

乌鸦是野生动物，在生态系统中自然有它应有的地位。如果说"地位"一词有些不妥，那我们就换个词，说"作用"或者"工种"如何？也可以当作提供了推动生态系统运转的一种服务。"基本工人"这个词出现已经有几年了。在复杂建构的社会中，某个工作一旦停顿会造成多么巨大的影响，通过疫情大家想必已经有了切身的感受。在东日本大地震时，由于日本厂商无法按时完成涂料订单，甚至导致大洋彼岸的美国汽车厂商停止了生产。

所以，让我们梳理一下，乌鸦在生态系统中到底起到什么样的作用呢？具体而言，就是乌鸦以什么为食，如何捕食。关于乌鸦以什么为食，上文中已经有所提及。知道它们如何捕食其实也非常重要。

举一个海洋的例子，鲸鱼的存在对海洋生态产生了何种影响呢？试想一下海洋中有机物的生产和循环。海洋中物质循环的基础是浮游生物，可以通过光合作用从无机物中生产出有机物，相当于陆地上的植物通过光合作用生产有机物。但是，对海洋生态而言有一个比较特殊的问题，那就是水的透光性有限，阳光很难穿透。光合作用的临界点，是只有1%光照可及的深水。这个深度在沿岸海域大约是30米，而在透明度较高的外海可以达到200米。

因此，尽管生长在海水表面的浮游植物可以进行光合作用，但是植物的成长仅仅依靠光、二氧化碳和氧气是不够的，还需要氮、磷、铁等元素。陆地上的植物可以通过根系，从地下吸收养分，但是对海洋表面的浮游植物而言，所谓的"地下"是几千米深的海底。而这样的营养盐类也不会自己溶解到海水中。特别是磷，通常溶解自沉降入海底的浮游植物的残骸，所以越靠近海底堆积得越多。而深海水温低，冷水密度大，因此不会向上升起。有些海域由于洋流的关系，营养盐类会被搅动上升，只是这样幸运的地区并非到处都有。

再说一个容易理解的例子吧。我们泡澡的时候先要在浴缸里放好水，然后倒进去浴盐。浴盐并不会很快融化，而是沉到浴缸底，堆成一小坨。这时候该怎么办呢？

答案很简单：用手搅匀。

研究表明，在海洋里完成搅匀动作的就是鲸鱼。根据罗曼2014年发布的论文，鲸鱼起到了泵或传送带的作用。[1]

不同温度的水,密度也不一样,当水温差别极大的海水相遇时,会出现明显的分界线,两边的海水并不会相互融合,而是"泾渭分明"。因此,即便深海中有丰富的营养盐,也很难惠及海面。依靠鲸鱼这种体形庞大的生物上下游动,才能打破分界线,将海水搅动起来。

除了上下搅动以外,鲸鱼在广阔的海域中游来游去,还能在水平方向搅动物质。鲸鱼的粪便中含有氮素和铁,也是一种肥料。它们游来游去,把粪便留在不同的海域,也可以实现各个区域的养分再分配。

当鲸鱼死去后,尸体沉入大海,成为有机物匮乏的深海里的"盛宴"。不仅如此,脂肪分解过程中产生甲烷和硫化氢,繁殖出细菌,并利用硫化氢等进行化合反应,就地取材生成有机物。深海原本荒芜如沙漠,但在鲸鱼的尸骸周围,形成了生物的绿洲。

---

[1] Joe Roman et al, 2014, Whales as Marine Ecosystem Engineers. *Frontiers in Ecology and the Environment*, 12(7): 377–385.

以鲸鱼的尸骸为核心形成的几乎独立存在的生态系统被称为鲸落化学共生群落，里面甚至有食骨虫这样的特殊生物，寄生于鲸鱼的骨头上。食骨虫和生活在海底热水矿床的巨型管虫是近亲，都有共生菌。前者分解鲸骨中的脂肪，后者吸收热水矿床释放的硫化氢。生物不仅在活着的时候会影响到整个系统，死后依然可以。

再举一个非常知名的例子。马达加斯加有一种名为长距彗星兰的兰花，有着非常罕见的超长花距。花距是兰花储存花蜜的器官，长距彗星兰的花距最长可达30厘米。

花之所以要生产花蜜，其实是为了给辛苦授粉的昆虫一点"甜头"。昆虫为了吸食花蜜而飞到花中，身体上就会蹭到花粉。不，准确地说，是花粉蹭到了昆虫身上。这就是花的"小心机"。当昆虫飞到另一朵花中，碰到雌蕊，就会在不知不觉中完成授粉。花蜜是给昆虫准备的诱饵，就是为了让它们帮忙搬运花粉。当然，也可以说得好听些，把花蜜看作给昆虫的酬劳。

不过，昆虫并没有想要主动帮忙授粉。它们的本意就是把口器伸到花中，吸食完花蜜就赶紧撤走。为了防止昆虫"片叶不沾身",花就要想尽办法加以"挽留",好让昆虫协助完成授粉的任务。其中的一个方法就是利用花距的长度,将花蜜储存在很深的地方,使得昆虫不得不飞到花中。

研究进化论的查尔斯·达尔文第一次看到这种兰花时就断言:"一定存在一种长有极长口器的昆虫,其长度刚好和长距彗星兰的花距相匹配。"达尔文的预见是正确的,在他去世后,人们的确发现了口器长度达到35厘米的长喙天蛾。

长距彗星兰与长喙天蛾的关系,可以看作是"店铺和熟客"的关系,或者是会员制商店和会员的关系。二者之间基本是量身定做,互为专属。对长喙天蛾而言,长距彗星兰无疑是可以吸食花蜜的专属餐厅。当然,在同一种群中可能存在着被捷足先登的风险,但是比起"谁都可以光顾的餐厅",售罄估清的风险要小得多。因此,长喙天蛾会更青睐长距彗星兰,将其视为稳定的口粮。

拥有这样固定的访客,对花而言也是好事。别的花再好也不怕,咱有自己的固定客户,完全可以确保授粉概率；更无须内卷，无须努力增产花蜜或开得耀眼夺目。就好像有固定食客的餐厅，省去了多余的服务或广告宣传费用。

但是，如果两者中有一方先灭绝了，会发生什么事情呢？如果没有了长距彗星兰，长喙天蛾当然可以再去别处觅食，只不过吸食花蜜的效率会降低，而且搞不好过长的口器还成了麻烦。如果没有了长喙天蛾，长距彗星兰的情况要糟糕得多。说好的会员制，没了会员就没了活路。就算想找新会员，没条件的还真的很难注册成功。失去了授粉的途径，长距彗星兰也很快就会灭绝。

所以说，一种生物的存在，势必会对周围产生某种影响。

★ 乌鸦到底是哪种鸟

在讨论如果乌鸦灭绝会怎样之前，我们应该先回忆一下乌鸦是一种什么样的生物。

生物分类呈树状结构，依次为界、门、纲、目、科、属、种。比如我们人类就是动物界，脊椎动物门，哺乳

纲，灵长目，人科，人属，智人种[1]。生物分类法中有更多细分的术语，别说你们读起来会睡着，我写起来都可能要犯困，在此就不占用篇幅了，有兴趣的读者可以自己去查一查。

鸟在动物界属于鸟纲。对于鸟的分类有不同方法，截至2022年，根据国际鸟类学会议（ICO）的资料，全世界的鸟类有11000种左右。其中，鹤形目、鹰形目、佛法僧目和雀形目占去了一多半的种类，单单雀形目就有6000多种。看看我们身边的小鸟，麻雀、燕子、白腹鸫、灰色鹡、鹊鸲和八哥都属于雀形目。顺便说一句，之所以叫雀形目，只不过是将其中的一种当作分类名，并非为麻雀量身定制。[2]

---

1 各位可能听说过"亚种"一词，这是一个"称不上别种，又不算同种"的分类。比如生活在北海道的北长尾山雀，因为无敌可爱，偶像实力难以匹敌，算得上"鸟界网红"，它其实就是银喉长尾山雀的亚种。
2 在日本，对于哺乳类的分类，食肉目现在被更名为猫目（根据1988年文部省"让一般人也能容易理解"的指导意见修改，结果更加不好理解），和雀形目的名称由来很相似。猫目并不是以猫为基本形，猫的眼睛在脸的正面，爪子可以伸缩，属于进化程度相当高的生物。

雀形目中又有很多科，其中之一就是鸦科。在这一集群中，包含了寒鸦属、喜鹊属、长尾鸦属和鸦属，大约有140种。其中，鸦属下面的鸟类有40余种，这些都是狭义所指的乌鸦。乌鸦，其实指的是"乌鸦和它的朋友们"，并不是单一物种。

大家可能没有想到乌鸦居然能有40多种，在小小的日本就已经确认有7种，分别是：大嘴乌鸦、小嘴乌鸦、渡鸦、秃鼻乌鸦、寒鸦、西寒鸦和家鸦。其中，渡鸦、秃鼻乌鸦和寒鸦属于冬季飞来日本越冬的冬候鸟，西寒鸦和家鸦都仅仅是曾经被发现过而已，并不属于分布在日本的鸟类。看到这类鸟，人们忍不住会猜测它们是否迷失了方向，所以才被称为"迷鸟"。通常，西寒鸦分布在俄罗斯西部到欧洲一带，而家鸦分布在印度到东南亚一带（由于人为因素，或"搭乘"顺风船等原因，也会分布到中东或非洲）。

我上面说的都是常识，但是根据国际鸟类学会议近几年的分类，寒鸦和西寒鸦从这个大家族里被开除"鸦籍"，分到了有近亲关系的寒鸦属（*Coloeus*），这个属暂时还没有日本名称。所以，我在本书中采用了最新分类，将日本的乌鸦圈定为5种。说实话，我平时一向以日本鸟类目录为指南，加上对过去的分类很有感情，一直觉得寒鸦和西寒鸦四舍五入就是乌鸦，算在乌鸦里并无不可。不过，在本书中我还是做了特别处理，原因在后面会再做解释。

在日本繁殖的乌鸦只有两种——大嘴乌鸦和小嘴乌鸦。这两种乌鸦常年栖息在日本，[1]因此，我们平时说的"乌鸦"，基本就指的是这两种中的某一种。大嘴乌鸦和小嘴乌鸦喜爱的环境和觅食行为多少存在着差异。两种乌鸦比邻而居的情况较多，有时也会出现杂交的情况。

乌鸦的栖息环境与生活方式千差万别，因为除了南极洲、南美洲和新西兰以外，乌鸦分布在世界各地。当然，乌鸦是不可能生存在戈壁沙漠中心地带的，但是在周边极其干燥的地区都会有它们的身影。同时，它们也可

---

1 不过，小嘴乌鸦在冲绳地区属于冬候鸟。如果再展开研究的话，在其他区域也存在部分个体迁移的可能。比如，曾有人观测到北海道地区进入春天时，一队大嘴乌鸦从根室半岛飞向水晶岛方向，但仅限于传闻。如果真是这样，继续飞下去就是色丹岛、择捉岛和千岛群岛。对于大嘴乌鸦飞行多少距离才能算作迁徙，目前尚没有明确的标准。

以居住在湿润的森林中。北极圈这样的高纬度地区有渡鸦,而赤道附近有大嘴乌鸦和非洲白颈鸦。乌鸦几乎可以称得上是无处不在。

乌鸦都是黑色,这个刻板印象其实并不正确。乌鸦中有白颈鸦、冠小嘴乌鸦、非洲白颈鸦等黑白双色的品种,或者灰黑双色的品种。当然,因为绝大多数是黑色,我们可以认为乌鸦"基本上是黑色的"。乌鸦身上不存在红色、蓝色这样鲜艳的有彩色,鸦科里有琉球松鸦、台湾暗蓝鹊这样蓝莹莹的鸟儿实在是一件不可思议的事情。

在了解了乌鸦广阔的栖息范围后,就知道其实并不是所有的乌鸦都在人类居住地翻垃圾。日本的山里也有乌鸦。比如在屋久岛最高峰宫之浦岳上就生活着大嘴乌鸦,那里可是方圆10千米没有人家的秘境。话说回来,乌鸦在街上旁若无人翻食垃圾的场景几乎只发生在日本,最多再算上符拉迪沃斯托克等俄罗斯沿海地区,那还只是听说而已。在全世界其他地区,即便乌鸦生活在市区,也会和人类保持一定的距离。

日本的乌鸦为何如此特殊,原因并不是非常明确。大约乌鸦的习性受到了日本人对其态度的影响,而且早就

大嘴乌鸦

小嘴乌鸦

融入了风土人情之中吧。

本书的书名是《如果乌鸦从世界上消失》,探讨的是假如鸦属消失的问题。此问题放在世界范围内过于广泛,有可能无法全面探讨。不如让我们先来思考一下,如果乌鸦从日本消失会是怎样。上文说到寒鸦和西寒鸦已经将身份变更成寒鸦属,因此不属于需要考虑的范畴,我们需要推测的变化也会相应减少。

★ 乌鸦算不算生态系统中的"便利店"

说了这么多,让我们开始讨论乌鸦从生态系统消失后会发生什么变化吧。

很抱歉,可能让大家失望了,但是我想来想去也觉得不会发生什么惊天动地的事情。我想不出有什么事情是非乌鸦不可为的。或许未来会有革新性的论文问世,但至少截止到目前,并没有这样的研究。

乌鸦的食谱又多又杂,这就导致它们会在生态系统的各个环节"露一小脸"。讨论"乌鸦从生态系统消失后会发生什么变化",就好像在讨论"便利店全部倒闭会发生什么变化"一样。在日常生活中,买盒饭可以去盒饭店,买日用品可以去药妆店,取现金可以用银行ATM机,想做这些事情都有专门的地方可以解决。但是从"一站式解决各种问题"的角度看,便利店的便捷性和超广的业务范围使得它拥有了自己的立身之道。

乌鸦什么都吃,从乌鸦的粪便中,可以找到小昆虫的翅膀、蚂蚁的头、花金龟等鞘翅目昆虫的壳、果实种子和小块骨头等。在20世纪50年代曾经有过一次大规模的调查,[1]60年代就此次调查发表的报告显示,乌鸦消化道中可以确定的物质包括70种以上的植物和100种以上的昆虫。

对乌鸦而言,果实可以被看作隐藏款的主食。的确,乌鸦有果实食性的一面。我们在公园里也能看到它们啄食樱花树或香樟树的果实。除此之外,乌鸦还经常吃桑树、山桃树、朴树、椋树、苦楝树、乌桕树和山乌桕树的果实。在池田的报告里,提到了乌鸦胃内容物中果实种子的比例。大嘴乌鸦是44%,小嘴乌鸦是18%。当然,乌鸦食

---

[1] 池田真次郎,1957,カラス科に属する鳥類の食性に就いて,鳥獣調査報告第16号,農林省。

性也会根据季节有所调整。而且这个调查结果既不是按照食物个体数比，也不是按照热量比进行计算，调查的乌鸦也以农业种植区的为主。总之，乌鸦食用果实的量远超大家的想象。

植物的果实可不是碰巧包裹了甜美的果肉，又碰巧多为红、橙等鲜艳的颜色，这是植物给食客们提供的奖励，是挂出来吸引食客的"广告牌"。动物是种子的搬运工，如果没有它们来吃果实，植物便会陷入困境。

当然，来吃果实的鸟类不只有乌鸦，在日本比较常见的鸟类，如白头鹎、灰椋鸟等，都经常以果实为食。鸽子也具有果实食性，冬天飞到日本的斑鸫也会先来一顿果实大餐。因此，即便没有乌鸦，也会有其他鸟类帮助植物传播种子。最多不过是因为少了一支队伍，其他食客要吃得更卖力些而已。

但是，有些种子只有乌鸦才能搬运得动，比如柿子种子和枇杷种子。栗耳鹎、灰椋鸟都很喜欢吃柿子和枇杷，但是果实个头太大，没办法叼着飞走，所以只能站在树上不断地将果实外皮和果肉啄开，从打开的小孔里衔着吃。问题是它们都不会囫囵吞种子，也就不可能成为种子搬运工。这些植物的种子太大，小鸟嗓子细吞不下。我倒是曾经看到过栗耳鹎完整地吞下了一颗金橘，要是它们肯扯着脖子使劲，可能也能勉强吞下。但是硬吞种子对栗耳鹎没有什么好处，谁会做费力不讨好的事情呢？

乌鸦则不同了，它们可以轻松地叼着柿子和枇杷的果实飞走，在某个地方将整个果实吃完，这样就将种子散播到了远离母树的地方。"远离"二字对植物而言至关重要。如果不是为了这一点，植物完全不用费尽心机孕育好吃好看的果实，只需要让果实从树枝上掉到树下就好了。

种子自然掉落，在母树生长的地方孕育发芽，至少可以保证第一步是落在了适合生长的环境里。但是母树有可能会遮挡阳光，这又给种子的成长带来了不利条件。此外，如果遇到山火、滑坡或病虫害等灾害，那就会导致一损俱损，满门灭绝。当种子被带到远离母树的地方时，虽然无法确保新的环境适合植物生长，但好在植物不只有几颗种子，散播的种子多了，总有一些运气好的能找到可以扎根的土壤。所以，植物一直以来秉承的原则，就是将子孙后代尽量送去不同的地方。

曾经有过一项专门针对东京铁路沿线枇杷树的研

究,主要为了考证非自然生长的枇杷树是否与乌鸦的"播种"有关。[1]

当然,貉、果子狸、浣熊和日本猕猴也是枇杷和柿子的主要消费者,特别是果子狸和日本猕猴,因为善于爬树,吃起来更方便。这些动物应该也可以帮忙传播种子,所以理论上说有它们是不是就够了?

但是别忘了还需要考虑分布区域的问题。枇杷原本自然分布在西日本地区,而果子狸的栖息地以东日本为中心,在四国和九州也有零星分布。所以,在本州西部就只有日本猕猴可以担此重任。貉主要吃掉落的果实,虽然也能爬树,但和鸟类或果子狸相比,明显没有那么游刃有余。再说回果子狸,大概率是外来物种。它们可能登陆日本的时间非常早,但是远远没有枇杷的历史久远。枇杷原产自中国南部地区,古代时就已经传入日本,目前还不知道这个物种什么时候完成了在日本列岛的自然分布。如果

---

[1] T. Yoshikawa and H. Higuchi, 2018, Invasion of the loquat Eriobotrya Japonica into Urban Areas of Central Tokyo Facilitated by Crows. *Ornithological Science*, 17(2): 165–172.

没有乌鸦，野生枇杷种子很可能无法传播到各地。

至于柿子，学名柿，原产地就是日本和中国，所以属于日本本土物种。柿子种子的传播很可能也少不了乌鸦的功劳。和枇杷一样，貉、果子狸和日本猕猴等都可以帮忙传播，但是少了乌鸦的参与，就没有办法做到"飞行播种"，效率和范围都会很不一样。

还有一个比较罕见的传播例子，那就是乌鸦会吃苏铁的种子。苏铁的种子呈红色，也算有点儿醒目，但是我还没有怎么见过其他鸟类飞来聚餐的情景。苏铁在远古时代就出现在地球上，在中生代侏罗纪达到鼎盛，当年很可能是由恐龙帮助传播种子——这绝对不是开玩笑。目前，至少在冲绳地区有过关于乌鸦食用苏铁种子的报道。[1]

事实上，我在先岛群岛也目睹过两次。当然，老鼠也可以传播种子，不过高空传播还是要靠乌鸦。乌鸦还吃银杏，或许对银杏种子的传播也做出了贡献。此外，生长在

1　石田仁，1985，ハシブトガラスによるソテツの種子散布の観察（英文），沖縄生物学会誌，1985-03(23), pp. 29-32。

日本南部的滴水观音是芋头的近亲，也靠乌鸦帮忙传播种子。因为滴水观音有毒性，动物一般不会吃，但是鸟类和哺乳类动物生理构造不同，也不会咬碎种子，所以至少乌鸦吃了并无危险。

通过这些例子可以看出，如果乌鸦消失，对于某些植物种子的传播还是会造成一定影响的。

★ 乌鸦灭绝后的常夏之岛

现实中的确有一个乌鸦灭绝的案例。

夏威夷曾经有一种属于固有种的乌鸦——夏威夷乌鸦（Hawaiian Crow, *Corvus hawaiiensis*），身长大约46厘米，和体形偏小的小嘴乌鸦相似，从分类上与秃鼻乌鸦比较接近。

夏威夷乌鸦是夏威夷最大的杂食性鸟类，吃各种各样的果实，同时传播种子。其中有些种子只有经过了鸟的消化系统才容易发芽，对这些植物而言，乌鸦是繁殖过程中不可或缺的搭档。

但是，伴随着人类对夏威夷进行开发，为了修建种植园，森林遭到砍伐。夏威夷乌鸦和其他乌鸦不同，它们不会靠近人类居住区域觅食。因此，乌鸦很快失去了栖身之所。再加上为了保护农作物，消灭乌鸦的活动也被提上日程。1826年时，又发生一件雪上加霜的事情，一种家蚊作为外来物种被带到夏威夷，还有很多岛外的鸟也被带了过来。结果以蚊子为媒介的鸟类疟疾开始蔓延。鸟类疟疾是鸟类疾病，通常不会引起严重症状。但是遗憾的是，对于夏威夷岛上与世隔绝的鸟类而言，这个疾病杀伤力极大，给鸟类集群带来了毁灭性打击。

最终，夏威夷乌鸦数量骤减，2002年时最后一个野生个体被观察到。从此，被严重破坏的夏威夷原始植被失去了强有力的种子传播者。如今，夏威夷正在进行一项将人工饲养的夏威夷乌鸦放归大自然的活动。[1]

---

[1] 除夏威夷之外，圣地亚哥动物园也有人工繁殖的夏威夷乌鸦。动物园为了做好将乌鸦放归大自然的准备，将乌鸦转移到和自然环境极其相近的笼中，结果乌鸦立刻开始捡拾树枝制作工具，让人们大吃一惊。夏威夷乌鸦是继新喀鸦之后第二种被发现可以在非实验条件下自发制作工具的乌鸦。新喀鸦和紫乌鸦属于近缘物种，而夏威夷乌鸦并不是，所以可以使用工具的乌鸦并非只限于一个类别。

夏威夷野生乌鸦的灭绝对夏威夷的自然环境究竟造成了多大的影响，这一点还很难说清。因为被彻底改变的并不只是乌鸦，所以无法判断乌鸦消失产生的影响。从这个角度看，举夏威夷乌鸦的例子似乎没有什么参考价值。但是，如果想要让夏威夷恢复往日的自然环境，就需要能够传播种子的夏威夷乌鸦。

乌鸦是昆虫的捕食者，所以乌鸦数量的减少也会影响到昆虫的个体数量。当然，如果仅仅少了乌鸦，不会造成什么巨变，不过对于公园里的樱花树而言应该会有影响。樱花树会招来枯球箩纹蛾的幼虫。这是一种体形很大的毛虫，也是乌鸦和灰椋鸟喜爱的口粮。毛虫蚕食树叶，虽然树叶不会因为被咬得破破烂烂而立即枯萎，但是参加光合作用的叶面减少了，就会降低生产能力，供树木成长、开花、结果的能量也会减少。这就像是经营不善的企业，只能苟延残喘，不可能再开拓新市场。

乌鸦是构成生态系统的一员，在不同的场景中履行自己的职责。这就是前文中所说的："如果乌鸦消失，生态系统也不会土崩瓦解，但是必然会产生某些影响。"

其实我也知道自己说得底气不足，心里也不觉得乌鸦的缺席会带来什么天翻地覆的变化。如果我把事情说得太戏剧化，那就是在违背科学。但是说到底，像乌鸦这样的"全能选手"的确属于"可遇不可求"的。

到此为止，我们对乌鸦在生态系统中的作用进行了概述。乌鸦不仅影响了生物界，与人类生活也有一定的关联。乌鸦的食性和活动特点决定了人们对乌鸦的印象，并由此产生了许多神话和传说。在亚洲很多地区，乌鸦停在屋顶上被看作不吉利的象征。这当然是源于乌鸦的食腐习性，它们甚至连人的尸体都不放过。这样的印象根深蒂固，体现在上古神话以及今天人们对乌鸦的看法中。

对乌鸦的印象还自然而然投射到了人类的艺术创作中。在渲染阴森氛围的时候，一定要找几个不吉利的元素登场。对比"枯树、墓地、乌鸦"和"花田、木屋、小鸟"，哪个属于恐怖氛围组不言而喻。此类标签与自然科学中乌鸦的实际形象并不相符，却真实存在于人类构建的意象和隐喻的数据库中。

所以,如果没有了乌鸦的存在,人类文化也会受到影响。无论是从正面还是负面的角度看,乌鸦一直是人类历史中非常熟悉的形象。

我最近刚刚学到一个新知识,那就是乌鸦还能影响水路之间的物质循环。

我们都知道大马哈鱼的洄游。它们在河流中孵化,在大海中长大成熟,再溯河产卵,结束一生。大马哈鱼的身体主要由海中的营养物质组成。陆上的熊会捕食大马哈鱼,而鱼的残骸又成为白尾海雕、海鸥、乌鸦和苍蝇的美食。这些生物在陆地上生活,于是构成大马哈鱼身体的营养成分也被转移到了陆地上。部分在水中的残骸渐渐腐烂,成为河流中的营养物质。河流继续养育大马哈鱼的幼鱼及水生昆虫,一部分水生昆虫羽化后成为小鸟的食物,也会继续成为陆地上的营养物质。兜兜转转,不断循环,大马哈鱼将海洋中的营养物质搬运而来,养育了河流和山川。有一项关于与大马哈鱼相关的海洋营养物质养育河畔林木的研究。[1]你可能会好奇,怎么可能知道被摄取的分子究竟来自何方?但物质的来源的确可以通过稳定同位素比来推测。

在美国东北部,乌鸦是大马哈鱼残骸最主要的消费者。[2]虽然也有其他的猛禽类(例如白头海雕等)和海鸥,但是乌鸦最大的优势是不怕人,并且即便没有动物残骸也能转去吃其他食物。在大马哈鱼残骸集中出现的时期,乌鸦发挥了极大的"清扫功能",非常"值得信赖"。如果是非腐肉不肯食的动物,其种群数量必然会以残骸较少的时期为基准,不会特别多。

如此看来,乌鸦也算得上是勾连海陆两地、推动生命循环的一员。

---

1 T. C. Kline et al, 1990, Recycling of Elements Transported Upstream by Runs of Pacific Salmon: I. $\delta^{15}N$ and $\delta^{13}C$ Evidence in Sashin Creak, Southeastern Alaska. *Canadian Journal of Fisheries and Aquatic Sciences*, 47:136–144.
2 Susan K. Skagen et al, 1991, Human Disturbance of an Avia Scavenging Guild. *Ecological Applications*, Vol1(2): 215–225.

第二幕

如果乌鸦从生物进化史消失

如果乌鸦从未出现

在上一章里,我试着给大家描述了一个乌鸦从生态系统中消失的未来场景。不过,这个假设的前提是从已经成立的系统中去除乌鸦这个元素。其实还可以从另一个角度考虑这件事,那就是如果乌鸦从未出现过会是什么情形。

如果乌鸦从未出现在生物进化史中,那么很可能会有其他鸟类填补上它在生态学中的位置。这就好像如果有一种从来无人使用的资源,或是有某种从来未曾出现的服务,最终一定会催生出新的业态。

在澳大利亚,有袋类动物进化成繁盛而具有多样性的类群,其状态和澳大利亚以外的世界——有胎盘类动物(与有袋类动物不同,有胎盘,胎儿长时间在子宫内成长,即"普通的"哺乳类动物)——有着绝妙的相似之处。

澳大利亚没有野生的狼和郊狼，但是曾经有过袋狼，也叫塔斯马尼亚虎。袋狼属于小型捕食者，类似于貂或黄鼠狼。在草原上，有大型的食草动物袋鼠，有小型的杂食动物袋狸，类似于老鼠。此外，还有前后肢间有宽大皮膜、可以自由滑翔的袋鼯，以及擅长在地里打洞的袋鼹。

假设进化历程可以逆转，一切从头再来，未必还会凑齐一样的物种，但一定会有类似的物种填补空位。即便乌鸦从来没有出现过，依然会有其他体形适中或偏大、具备食腐特性的杂食性鸟类出现。甚至有可能不是一种，而是由几种鸟类共同扮演这个角色。

虽然有些牵强，但是我很想推测一下哪种鸟类会取代乌鸦在生物史中的地位。如果把推测当成一个智力游戏，可能会很有意思。通过这样的推测，我们可以再次发现乌鸦的作用，也能意识到想要找到取代乌鸦的鸟类并非易事。

首先，我需要知道乌鸦在何时完成的进化，结果一上来就把自己难住了。鸟类的骨骼很脆弱，留下的化石很少。不过，对于现生鸟类的进化有一个大致的定论。现生鸟类由新鸟类（Neornithes）进化而来，新鸟类存在于距今约7000万年的南美洲一带。那时，冈瓦纳古陆尚未完全分离，南美洲和大洋洲还连接在一起，和欧亚大陆也没有完全分离。因此，鸟类在大洋洲和欧亚大陆上自由分布。雀形目进化呈现出多样性是在始新世（距今约5600万年到3400万年）晚期，也就是三千几百万年前。乌鸦的总科应该就是在这个时期开始发生的分化。我们知道欧洲和美洲的鸦属很少有共同之处，从这一点看，始新世时期鸦属尚未进化形成的可能性较大。始新世时期欧洲和美洲距离很近，生物往来较多，如果那时已经有乌鸦存在，如今两个大陆应该存在共同的鸦属。但实际情况是鸦属中只有渡鸦在欧亚大陆和美洲都有分布，它和游隼、鹗一样，属于擅长飞行的鸟。[1]

　　必须注意的是，南美洲没有乌鸦，也没有乌鸦曾经生活过的证据。由此可以推断，乌鸦的祖先诞生在大洋洲到亚洲一带，当时美洲大陆已经完全和大洋洲及欧亚大

1　鸦科中的喜鹊在新旧两个大陆都有分布。

陆分离。由于时间点很难确定，我们只能大致估测出乌鸦存在的历史约有数千万年。虽然亚洲的乌鸦种类很多，但是在大洋洲乌鸦的近亲更多。根据这一点，我们也可以推测乌鸦最初是在大洋洲从其他鸟类中分离出来的，之后飞到亚洲，又飞到欧洲，并且不断演变，进化出不同的种类。

在欧洲和北美洲发现过一些被认定为鸦科的化石，已知最早的记录是在1871年发现的拉氏古鸦（*Miocorvus larteti*）化石。化石的发现地点在欧洲，年代为距今1700万至320万年，有可能是属于中新世的鸟类。[1]中新世是指新生代（从恐龙灭绝后到现在的时代）中，从大约2300万年前到500万年前的时代。

遗憾的是，拉氏古鸦的化石只发现了头骨等部分，所以无法得知它的生活模式和乌鸦有多少相似之处。不过，从趾骨看应该是生活在树上的。

在中新世时期，地球上的大陆部分已经形成和现代

---

1 Cécile Mourer-Chauviré, 2004, Cenozoic Birds of the World, Part 1: Europe. *The Auk*, 121(2): 623.

差不多的格局，欧洲阿尔卑斯山的造山运动也是在这个时期发生的。喜马拉雅山脉是渐新世时印度大陆地壳与欧亚大陆板块冲撞形成，在中新世以后渐进隆升而成为今天的样子，被称为"大陆的褶皱"。

在地球的另一边，北美洲和南美洲尚未分离，欧亚大陆和北美洲几度连接，所以在大陆之间动物可以自由往来（之后也有往来）。

应该就是在这个时期，乌鸦的祖先从欧亚大陆来到北美洲。研究人员在美国发现了中新世晚期到上新世时期的鸦科化石。上新世是距今约500万年到约260万年，在这一时期即将结束时，也就是大约300万年前，南北美洲大陆连接在一起，两个大陆之间的动物可以自由往来。

所以，如果我们想要探讨乌鸦从未在生物史上出现的问题，就要追溯到拉氏古鸦的时期，也就是大约1500万年前。

★ **纸上谈兵想象未来**

很多著作的原点都是"如果……，未来将会是……"。

描写穿越的科幻小说、改写历史的文学作品，都是从"如果"出发。比如菲利普·K.迪克的小说《高堡奇人》就设定了第二次世界大战轴心国获胜的历史背景，以被分而治之的美国为舞台，演绎出类似"大日本合众国"的荒诞情节。本书热销后，市面上一时间量产出许多虚拟的战地小说，大多情节过于离谱，属于无稽之谈，以至于战争迷和兵器迷戏称这些作品为"火葬场式战地小说"。

有的文学作品将这种方法用于描写生物相关的情节，典型例子就是道格尔·迪克逊的《人类灭绝之后》。这部小说脑补了一个5000万年后的世界，书中出现大量奇妙的生物。届时，地球上大部分哺乳动物都已经灭绝，剩下的是肉食性啮齿类动物和有蹄的大型兔子，在海洋中则生存着和鲸鱼一样巨大的企鹅。

更奇怪的是，还会有到达孤岛之上完成进化的蝙蝠。由于它们既没有天敌，也没有竞争对手，所以处于完全自由生长的状态。作者设定了一种进化为地上捕食者的动物，将其命名为"夜行者"，它们的前肢曾经是翅膀，现在帮助行走，然后将后肢努力翻转过肩膀伸展到身前，当手使用，通过这种令人惊叹的方式适应地上的生活。虽然这个情节有些难以置信，不过在现实中的确有类似的情况。在没有捕食者的岛上，蝙蝠会在地面踱步，吃地上的昆虫。(川上和人：《鸟类学者自不量力谈恐龙》)。作家打开思路，让捕食者不只以昆虫为食物。如果它能在地面灵活地行动，又具备较强的攻击能力，就完全可以捕食更大的猎物。小说中对"夜行者"的设定是体长1.5米。虽然酷似瑜伽体位的样子很怪异，但是在生物系统中也有可能存在这样匪夷所思的进化结果。

当然，我最想吐槽的也是"夜行者"的姿势。蝙蝠后肢呈180度翻转的状态，将后爪努力伸向前方做出仰卧姿势时，脚底应该是向上的。这是蝙蝠为了适应倒挂姿势进化出的结果。如果将后爪伸向头顶，那么用来捕食的爪就会变成掌心向上的状态。蝙蝠想要将"手"按在地面上的话，好容易进化的器官又要翻转，变回到最初的样子，岂不是多此一举？

此外，可能作者是为了强调"夜行者"是由蝙蝠进化而来，所以给它安排了视觉已经退化的设定。如果真是这样，那它应该全部依靠回声定位来寻找猎物，夜间就需要发出超声脉冲到处觅食。所谓回声定位，就是发出超声波，当声波碰到一个物体时会弹回来，由此感知物体的存在。此外，通过声波反射回来的方向，可以得知物体的位置，通过反射回来的时长，可以得知自己与物体的距离。声波在空气中的传播速度为每秒340米左右，当物体在5米以外的地方时，发出的声波碰到物体并反弹回来就相当于10米的距离。完成这个过程的时间只有短短的0.03秒，蝙蝠的测量可以做到如此精密，也是叹为观止。

问题是，这个方法在地面上是否依然可行？

人类在众多领域都使用雷达技术。雷达并不是声波，而是发出电波并利用其反射来探知对象的技术。不过，它在原理上和回声定位很接近，所以还是可以作为例证。

战斗机和战舰上都会搭载雷达，但是坦克基本不会。[1]其原因就是坦克上的雷达面对障碍物起不到什么作用。

---

1 坦克主动防御系统（是指通过探测装置探知反坦克导弹并予以拦截的装置）中也会使用雷达，但目前仍然为少数。

设想一下在空中使用雷达的场景。电波没有遇到障碍物就会消失,遇到障碍物就会反射回来。所以,只要出现反射,势必就是出现了障碍物。舰载雷达也一样。发射出的电波会消失在天空或者海浪里。当出现和海浪不一样的反射时,就说明遇到了障碍物。在陆地上又会是什么情况呢?障碍物的背后还会有各种物体,会反射回来不同的电波。从雷达的视点看,前后左右都是障碍物,想从中分辨真正的目标就变得十分困难。[1]

利用声波的回声定位也是这个道理。如果"夜行者"靠近猎物,那么猎物只需要保持不动就能幸免。无论是石头还是树干,紧紧贴在上面就能化险为夷。事实上,有的昆虫真的能够感知到蝙蝠发出的超声波,然后趴在树干上一动不动等待危机过去。蝙蝠也很精,会贴着表面一边飞一边用超声波扫射,以此探知凸起的地方。但是如果昆虫藏身在表面不平整的小环境里,就能侥幸逃过一劫。

---

1 汽车防撞雷达采用了毫米波雷达技术,其原理是在近距离内出现反射时才做出反应(并不需要分辨障碍物是墙,还是墙的前面站着人)。如果需要分辨是否有人,就需要影像识别了。

如果猎物对猎食者采取了这样的对策,地面上生活的蝙蝠该如何是好呢?

仔细想想,地面上的蝙蝠有一个最大的问题,就是会搞出很大动静,几乎是在通知猎物:猎手来了。

真正的蝙蝠可以在漆黑的夜晚,仅仅依靠声音正确把握猎物的位置,精准捕猎,而且几乎可以无声无息地飞行。蝙蝠类的翼膜前缘为锯齿状构造,可以形成涡流,防止气流分离,因此翅膀不会发出声音。蝙蝠为了不干扰自己的觅食过程,也不让猎物有所察觉,实现了无声飞行。

研究表明,仓鸮的音源定位能力极强,误差只有2度。如果误差是2度,那么即使是在距离为10米的情况下,基本定位也可以锁定在直径7厘米的圆内。[1]但是,距

---

1 人类的耳朵在特定条件下也可以做出和蝙蝠相似的音源定位。我曾经做过一个实验,在听到白腹蓝鹟的鸣叫后做出大致定位,然后用望远镜确认。结果比我想象得更准确,大约在水平方向上有5度左右的偏差。在这一点上,我是比不过猫头鹰的。而在垂直方向上误差更大,大约有20—30度。

离不能靠声波测定，只能依靠声音的大小凭经验判断。所以地面的捕食者必须依靠比较模糊的视力看个大概，或者是完全记住自己领地内的地形。"夜行者"想要在不被察觉的情况下捕获猎物，必须依靠这两种方式。

当然，如果"夜行者"有鲇鱼一样的触觉器官，也可以借此测量和猎物的距离。在触碰到的瞬间，及时测算出距离，同时发动进攻。[1]只不过在触碰到猎物之前，只能像暗夜行路一样，甩着长长的胡须前行。

综上所述，我更建议"夜行者"利用对方的盲点，巧妙地运用自己的视觉。要知道，蝙蝠并非全盲，它们经常在天色将暗未暗的时候利用自己的视力捕食。有的蝙蝠甚至在和昆虫博弈的过程中进化得可以双眼视物了。

我相信，"夜行者"中势必有一些能不断进化，而那

---

1 潜水艇可以称得上是仅靠声音进行"狩猎"的武器。声呐有两种，主动声呐和被动声呐，潜水艇常用的是后者，相当于一直竖着耳朵。发射出的鱼雷快要接近目标时就会采取主动声呐，发出声波，通过反射波追踪目标，直至将其击中。"夜行者"不接触到目标很难确认猎物的位置，所以我才会想到鲇鱼须子。一边用手走路，一边将脚探向前方，然后还摆着鲇鱼须子，这样的蝙蝠形象实在有点儿恶心。哪里还是"夜行者"，简直就是"夜叉"。

些试图藏在草里、贴在墙上以躲过一劫的猎物，再也无法躲过"夜行者"的目光扫射。这些充分进化的生物也值得拥有新的名字，我甚至已经替它们拟好了一个，就叫"大眼"（Bug-eyed）如何？

"大眼"不需要回声定位，但是可以发出"夜行者"的声音迷惑猎物，让猎物主动停止活动。猎物会以为对方还是老款"夜行者"，立即假装"木头人"，想要靠静止状态躲避追捕，没想到却被"大眼"一眼识破，轻松捕获。当然，这个战略的前提是盲眼"夜行者"依然是主流。如果"大眼"的比例持续增加，猎物屡遭毒手，它们也会渐渐悟出对手是新款"大眼"，听到声音后一定还是"走为上策"。如此一来，"大眼"虽然还可以继续依靠视力捕食，但是难度系数会明显增加。而对于"夜行者"而言，看见捕食者就逃跑的猎物简直是送上门来的大餐。由此可见，随着进化为"大眼"的群体的增加，这种顶着"夜行者"名头捕猎的行为必然会逐渐消失。

从猎物的角度思考，根据捕食者的特点需要不断改写逃生手册。对上述两种捕食者都有效的手段，就是躲在阴影里、钻到地下或逃到树上。捕食者经过摸索，又会对这些"反捕食"行为做出回应,比如提高偷袭速度,或是巧妙地守株待兔。于是,在不知不觉间,捕食者和猎物之间新一轮的竞争又拉开了序幕。

上面都是我的奇思妙想,或是胡说八道。我只是想证明一下,还可以从这样的角度进行思考。

~~可以~~取代乌鸦的鸟类

★ 候选者0号：有血缘关系不可以吗

先提醒一下读者，我们现在设定的前提是这个世界上没有鸦属，但是鸦属以外的鸦科并不排除在外。这就包括了松鸦、红嘴蓝鹊、喜鹊、灰喜鹊、星鸦、黄嘴山鸦和达乌里寒鸦等。这些鸟类，说实话在习性上都还挺"鸦里鸦气"的。

首先，它们基本属于杂食性。具体食谱根据居住地有所不同，但都会吃果实、橡子，也会吃小型动物，而且会"入室抢劫"，袭击其他鸟类的巢穴，偷食鸟蛋或雏鸟。

黄嘴山鸦生活在高山上，会在悬崖上筑巢。候鸟也有这样的习性。此外，我也知道有些大嘴乌鸦会在海边悬崖上筑巢。说到大嘴乌鸦，虽然极其罕见，但是的确有在

松鸦
在鸦属以外的鸦科占有一席之地,会储存橡子

地面筑巢的情况。这些鸦科鸟类的巢穴形状也非常相似,基本是深盘形状的开放式巢穴。喜鹊的巢穴略有不同,呈球状,密闭性较高。

可以想象,即便没有鸦属,其他的鸦科鸟类也非常有可能进化得体形更大,填补上鸦属的位置。而它们的生活习性原本就比较接近,不需要做出额外改变。这样的推论也算合情合理。

如果达乌里寒鸦和寒鸦体形变大,几乎就是"乌鸦本鸦"。也就是说,它们顶着寒鸦属的名号,行为却与乌鸦别无二致。如果找这样的候选者实在有些无趣，好容易有想象的机会，不如做出更大胆的设想。

让我们把视野扩大一些，不再拘泥于鸦科，而是看一看总科。所谓总科，除了分类学家以外，很少会用到这个分类单位。通俗地说，就是稍微扩大一点范围，算上鸦科沾亲带故的鸟类。当然，这里又可以分出"狭义的鸦总科"和"广义的鸦总科"，至于分类是否合理也不好评价。

为了便于理解，我们不妨把狭义的鸦总科当作"和鸦科极其接近"的一类。这其中包括伯劳科、卷尾科、扇尾鹟科、王鹟科、澳鸦科和极乐鸟科。可能大家对这些鸟的名称会比较陌生，扇尾鹟科、澳鸦科和极乐鸟科只分布在大洋洲附近。王鹟科的分布稍广，可以扩展到旧大陆的范围，日本的寿带鸟是它的近亲。相比之下，卷尾科分布较为广泛，从旧大陆到非洲都有它的身影。伯劳科分布更广，从欧亚大陆到非洲大陆、北美洲都有。

如果再扩大搜索范围，那么啸鹟科、杂色澳鸲、绿鹛科、钟鹟科和拟黄鹂科也可以加入进来。不过，这些鸟其实并不常见，并非全世界分布。拟黄鹂科在欧洲、非洲、亚洲和澳大利亚都有分布，但是南美洲、北美洲没有。从

小掩鼻风鸟
求偶的舞蹈风格夸张。风鸟属中有个性的成员的确不少

全世界分布这一点看,鸦科的确相当成功。

因为心里有太多如果,所以选项一个接着一个。尾羽分叉的黑卷尾和拖着长长尾羽的褐翅极乐鸟也是我想拿来对比的鸟类。

在这里,索性不去考虑进化上接近的鸟类,而是专注于"没有进化上的类缘关系，但是在生物进化史上更有可能取代乌鸦地位的鸟类"。说"专注"可能有点过于严肃，我更容易将关注点放在"哪种鸟类会更有趣"上。《黑礁》中商会领袖达奇不是也说过吗？"有趣才最重要。"[1]偏重有趣又何妨。

还有一点，鸦总科进化时，可能会发生意想不到的问题。比较需要关注一下啸鹟科和拟黄鹂科，因为这两科里有带毒的鸟。

世界上大约有一万种鸟类，以前的认知是鸟类无毒。但是在1990年时，人们发现新几内亚的黑头林鵙鹟有毒。[2]后续调查表明，这种鸟类的五个近亲也都有毒。随

---

1 《BLACK LAGOON》（广江礼威，小学馆）。达奇是一个强硬而聪明的人。
2 传说中国有一种叫"鸩"的毒鸟，其羽毛泡过的酒有剧毒，喝了会致命。新几内亚的毒鸟羽毛也有毒，在某种意义上和传说中的鸩很相似，但是还到不了"一根羽毛要人性命"的地步。人们发现黑头林鵙鹟有毒的契机，是某个研究者在捕捉到这种鸟做标识的时候被啄，之后感到异常疼痛且发麻。研究者又将羽毛放在舌头上，舌头发麻，直觉告诉他这鸟有毒，才开始相关调查。对于这位研究人员的判断力和行动力，我深表敬佩，但是这样以身试毒，实在是过于大胆了。

着研究的推进，又发现两种毒鸟。此外，曾被当作同种的鸟类与黑头林䴗鹟分开，毒鸟的数量就又增加了一种。到2023年为止，研究人员又发现了棕颈啸鹟和斯氏啸鹟这两种有毒的鸟类。同时，目前还不能排除黑枕黄鹂科和啸鹟科中一部分鸟类有毒的可能性。

这些鸟类会从捕食的昆虫（大概率为拟花蚤科昆虫）中摄取毒素，将毒素积蓄在皮肤、羽毛和肌肉里，其目的就是抵御捕食者。当地人总结了生活经验，知道这些鸟类"像辣椒一样辣嘴巴，不适合食用"。

因此，如果将啸鹟科等定为候选者，那就需要冒着"带毒"的风险。当然，只有很少地方有食用乌鸦的习俗，种群也并不会因为带了毒就子嗣兴旺，满世界扩张。更何况有毒的只是一小部分，基本都在新几内亚一带栖息。即便如此，如果毒鸟取代了乌鸦的地位，应该遭到更多的嫌弃和厌恶吧。

这些想想就挺闹心的，干脆还是将毒鸟从候选者名单上删除为妙。

★ 候选者1号：食腐类的家伙们

考虑到食腐是乌鸦的最大特点之一，很容易联想到行为方式接近的食腐猛禽。不过有些麻烦的是，很多捕食性动物也会吃腐肉，除了活物绝对不碰死肉的动物并不多见。换句话说，大多数动物[1]其实不介意自己的晚餐到底有没有一口气，或者说没有那么介意。从捕食者的角度看，"还活着的肉""刚被杀死的肉"，以及"死了一段时间的肉"，吃到嘴里都是肉。猎物如果能活动，也许会更容易发现，或者更容易诱捕。除此之外，从营养层面看差别不大。所以，在猛禽里才会有食腐鸟类存在。

提到食腐鸟类，首先就能想到秃鹫和美洲鹫。秃鹫在非洲和欧亚大陆都有分布，美洲鹫则是居住在美洲大陆。在南美洲，还有一种有些特殊的隼类食腐鸟类卡拉卡拉鹰。南美大陆并没有鸦属，乌鸦的分布向南大致到墨西

---

1 寄生生物需要利用宿主的生理机能生存，宿主一旦死亡就性命难保。即便是像螨虫这样的外部寄生虫，如果宿主死亡也会马上离开。

秃鹫

卡拉卡拉鹰

美洲鹫

第二幕　如果乌鸦从生物进化史消失

哥。其中的原因尚不确定,可能和地理历史有关。

南美洲大陆在中生代白垩纪时期从西冈瓦纳古陆分离,在新生代中期和北美大陆连接起来。而研究表明乌鸦的起源地可能在澳大利亚[1]一带,是白垩纪时从东冈瓦纳古陆分离出的一部分。乌鸦的祖先进化出来是新生代时期的事情,所以当乌鸦在世界各地开枝散叶的时候,南美大陆还是孤立的一块,从澳大利亚这边看,简直就是世界的尽头。

奔赴北美的鸦属最远只到达了墨西哥,而没有继续南下。如此看来,认为鸦属向北推进,经由欧亚大陆而来的观点也不无道理。

---

[1] 根据2005年发表的鸦属内系统关系可知,澳大利亚附近的鸦属的确比较有规律,可以纳入一个集群。但是,将喜鹊作为外部参考物种进行的分析表明,与喜鹊关系最近的是达乌里寒鸦类,其次是渡鸦,澳大利亚的乌鸦处在更远一点的分支。

这一结果显示,"喜鹊和鸦属从其他雀形目中演化出来的地点是在环北极地区,继而扩大到澳大利亚"。如果将澳大利亚当作它们的故乡,就很难解释这一现象了。同时,较早时候的研究表明,极乐鸟类和乌鸦可能最接近。如果这一研究成立,那么它们的故乡大致在新几内亚或澳大利亚北部。不过,关于这一点尚未有定论。

还有一点让我很感兴趣。分布在南美的美洲鹫和它的亲戚们基本取代了乌鸦的存在，美洲鹫家族的分布主要在南美洲、中美洲和北美洲南部，并不再向北延伸。目前南北美大陆出土的美洲鹫化石来自更新世（约260万年—1万年前），在其他地区尚未发现。由此，我们可以大胆推测，鸦属向全世界扩张势力时，没想到在南美洲这里吃了个瘪。因为这里已经有美洲鹫这样的食腐鸟类，乌鸦很难找到自己的立足之地，更不用说扩展势力版图了。事实上，鸦科中也有不具备食腐特性的鸟类，比如中型森林鸟类红嘴蓝鹊。这种鸟在南美洲的确可以找到生存空间，因为它们以果实和小动物为食。

但是，鉴于在北美洲也存在着乌鸦与美洲鹫同生共存的现象，上面的推测也并非无懈可击。让我们试着提出这样的猜想——同为食腐鸟类的乌鸦和美洲鹫曾经在这片大地上争夺王权。那么，如果乌鸦从未出现，自南美洲向北美洲扩张势力的美洲鹫就不会遇到势均力敌的对手。它们也许会不断适应寒冷地区并一路北上，跨过白令海峡进入亚洲，并由此将生存地扩展到欧亚大陆。这并非没有可能，只是要看时间是否来得及。

我在前面说过，鸦属出现在生物史上最长不超过1500万年。那么，一个物种进化最短需要多少时间呢？印度的"大嘴乌鸦"最近被归为印度大嘴乌鸦亚种（*Corvus Culminatus*），这种近缘物种的分化大约是在200万年前。肉眼能够看出的区别主要是喙的长短，印度大嘴乌鸦的喙比喜马拉雅地区的大嘴乌鸦的喙要长一点。经过漫长的200万年，物种进化的程度也就仅限于不使劲看都看不出来的这一点差别。

大约在300万年前，南美洲和北美洲通过巴拿马海峡连接起来。从北美飞来的美洲鸳，演化时间应该是，也只能是发生在那个时候。因为鸟类可以飞翔，或许可以更早实现物种交流。但海洋是天然的屏障，所以应该也不会提前太多时间。

还可以有另一种猜想，即这种"乌鸦美洲鸳"是从没有乌鸦的南美洲逐步"移民"过去的。而在欧洲大陆，以尸骸为食的秃鹫并不会面临进化时间紧迫的问题。它们在新鸟类进入亚洲后，开始了声势浩大的进化过程，而且只要需要，就有充足的时间可以北上。

再看看鸥科，它们并不是绝对的食腐鸟类，但是进化时间表上也存在不确定性。其实这些鸟类吃起腐肉来也毫不费力，比如红嘴鸥和黑尾鸥。过去，东京湾的垃圾填埋场"梦之岛"远远看去呈现出黑白两色。白色的是海鸥，黑色的是乌鸦。每当有船只靠近梦之岛，黑白双色的鸟儿就会成群飞起，乍一看好像梦之岛要升上天空。听说其中又以海鸥居多。

所以，让我们把这些鸟类也列入名单吧。

★ 候选者2号：爱吃水果的杂食性鸟类

不过，乌鸦也有吃果实和昆虫的习性，其他鸟类或许会继承它这方面的特质。因此，还要考虑一下从这个角度能够取代乌鸦的候选者。

如果需要帮助柿子、枇杷等植物散播种子，就必须有相应的个头才行。这就不得不提到一种已经灭绝的大鸟——渡渡鸟。

渡渡鸟外形非常与众不同（因为有迹可循的证据只有图画，所以很难知晓它灭绝之前的真实样子）。这种鸟

渡渡鸟

类属于鸽形目，有研究者认为它和分布在东南亚地区的绿蓑鸠亲缘关系最近。

  渡渡鸟顶着一个大脑袋，还有一只硕大的喙。只看喙部，与其说它和鸽子是一个门类，不如说它更像猛禽一族，至少也是短尾信天翁的亲戚。不过渡渡鸟的食性更接近鸽子，应该只吃种子和果实。光看这身材，肯定能吃比较硕大的果实。有一种观点认为渡渡鸟曾经就是大颅榄树种子的传播者。之所以在这里仅仅以转述观点的形式提及渡渡鸟和大颅榄树的关系，是因为虽然有相关研究，但也有针对该研究的反对意见，认为其论文举证不够有力等。综合考虑，这只能算是一家之言。

看了渡渡鸟的外形，就知道鸽形目也不是不能拥有大喙。当然，渡渡鸟体量过大，造成它无法展翅高飞，而且是照着火鸡的标准继续将身形往大发展。如果想要和乌鸦一样飞来飞去，还能拥有这样的大喙吗？如果可以同时兼顾，倒是恰好符合"大个头，大嘴巴，能吃大果实"的要求，具备作为候选者的基本条件。

提到日本本土以果实为生的鸟类，常见的有栗耳鹎和灰椋鸟等，它们也会吃昆虫，但吃果实更多。此外，还有鸫类。虽然体形大小差别较大，但是也不是不能纳入考虑之中。

蓝矶鸫（和斑鸫接近，也是鹟科的近亲）既吃果实，又吃小动物，对蜈蚣也能下嘴。在冲绳还经常发生蓝矶鸫袭击燕子窝、偷食鸟蛋和小燕子的事情。食谱这么杂，取代乌鸦的地位绰绰有余。

再大胆一点儿，设想一下灰椋鸟和蓝矶鸫也可以进

化出较大的体形满天飞。

如果灰椋鸟成为替代者，还能完美再现乌鸦的另一个特点。因为灰椋鸟也热爱集体活动，所以日暮时分会一起回巢。现实世界中乌鸦在夕阳下遮天蔽日飞行的场景，可以直接转换成灰椋鸟成群结队飞行的场面。就算没有乌鸦，依然会有灰椋鸟用行动告诉我们："太阳要下山了。"

所以，我有点想要"硬推"灰椋鸟上位。推荐理由很充足：它们食性接近，都喜欢集体活动，分布在世界各地。特别是灰椋鸟还有吃垃圾的"恶习"。虽然灰椋鸟并不会主动啄破垃圾袋，但我在观察乌鸦行为时，发现乌鸦把垃圾弄得一片狼藉后，灰椋鸟会过去对着垃圾东叼一口西叼一口。

相信没有什么动物会因为过于骄傲而拒绝人类丢弃的垃圾。本着能吃就吃原则的动物应该更多，毕竟要好过辛苦捕食。观察河滩的水洼，会发现很有意思的事情。当水洼渐渐干涸后，里面的小鱼或其他水生动物的尸骸就成了鹡鸰和灰椋鸟的美餐。小银鱼这样的鱼类，对鹡鸰而言，和日常捕食的水生昆虫大小差不了太多。只是在开阔的水面上小银鱼会很快游走，不容易捕到，水洼处就容易得手了。鹡鸰还可以捕食水坑中身长不过几厘米的吻虾虎鱼（一种虾虎鱼）。灰椋鸟除了吃小鱼，还能吃比小鱼个头儿大的毛虫。

其实，灰椋鸟全长只有25厘米，喙部细长，外形并不像乌鸦。但是要知道，喙的形状都是为了适应食物。如果肉类食谱增加，喙也会越来越大，连体形都会变大。椋鸟科中最大号的应属鹩哥，全长大约40厘米，放在乌鸦里也算是小只，不过至少证明了椋鸟科里有接近乌鸦大小的候选者。如果努把力，说不定真能长到乌鸦大小。

这样看来，椋鸟科基本满足"分布在世界各地""身体较大""可吃果实，具有杂食性"和"群居性"这几点，很有可能取代乌鸦的地位。

不过，杂食性的鸟类还有很多，比如猛禽类的卡拉卡拉鹰有时也吃油椰子的果实。卡拉卡拉鹰和游隼是近亲，属于如假包换的猛禽，但是油椰子这类植物的果实脂肪含量丰富，容易咬又好消化，和肉食动物的消化器官也非常匹配。虽然要通过这样的方式摄取糖类还需要做些努力，但是也绝非门槛很高。看看哺乳类的例子，貉和貂都是肉食类动物，但这并不影响它们吃水果。包括我们生活中常见的猫和狗，原来也基本属于肉食类，但在成为宠物后，甚至开始吃上了大米饭。猫狗以糖类为中心的饮食习惯并没有发生变化，而且煮熟的大米更好消化。

不过，栗耳鹎、斑鸫和灰椋鸟都属于雀形目。雀形目是鸣禽，也就是通过学习可以唱歌的鸟儿。白腹蓝鹟、黄鹂和日本歌鸲等歌喉婉转的鸟儿，大都属于雀形目。所以，我们就要尝试想象一下乌鸦的代替者拥有美妙的嗓音。大型鸫科鸟类如乌鸫和赤腹鸫都擅长歌唱，鹟科中体形较大的蓝矶鸫也拥有悠扬美丽的音色。如果这些鸣禽个头儿和乌鸦差不多大，恐怕婉转鸟鸣就会显得过于聒噪了。

当然，和城市的噪声相比，鸟鸣声算不了什么。我在东京都内某个车站前曾经听到蓝矶鸫的歌声，但是刚一走入站内，鸟鸣声就被车轮和轨道摩擦发出的噪声淹没了。对铁道迷而言，列车的声音可能是世上最美妙的旋律。但是对一般人来说，如果能忍受轨道上的噪声，就不会受不了鸟鸣声，至少这不是噪声。

有研究表明[1]，鸟类会根据所处的环境，让鸣叫声避开背景杂音的波长。在新冠疫情期间，城市静了下来，有研究者[2]发现城市中鸟类的鸣叫也发生了变化。一项对生活在旧金山的白冠带鹀的叫声进行的调查显示，它们的音压出现了大幅下降，而鸣叫的方式变得更为复杂。我们知道，通常小鸟借助复杂的歌声向雌鸟展示才艺，博取青睐。但城市里的鸟类平日不得不增加音压，并且只能使用不被城市噪声干扰的声波频率，否则根本无法将"爱的旋律"有效送达。因此，它们在引吭高歌时受到了很多限制。如果想要演绎《今夜无人入睡》，或者《我心依旧》这样的高难度歌曲，就很难用大声喊的形式；想要扯着嗓子唱，就只能降低难度系数。小鸟的声音在城市噪声的面前总是显得很渺小。

1　S. Hamao, M. Watanabe & Y. Mori, 2011, Urban Noise and Male Density Affect Songs in the Great Tit Parus Major. *Ethology Evolution*, 23: 111–119.

2　E. P. Derryberry et al, 2020, Singing in a Silent Spring : Birds respond to a half-century soundscape reversion during the COVID-19 shutdown. *Science*, Vol 370.

从这个角度看，如果能有一种声线优美且能压过城市噪声的鸟替代乌鸦，也未尝不是一件好事。

★ 喙真的能长大吗？

我在前文中提到，如果鸽子或者灰椋鸟的喙能变大，不失为乌鸦的候补。这话说起来容易，实际上有没有可行性呢？

看了这么多鸟类，我感觉这个变化很有可能实现。因为在面临淘汰的压力之下，喙能够以惊人的速度完成进化。

比较著名的例子就是达尔文雀族。虽为一族，但种间鸟喙的大小、形状差别极大。大约在200万到300万年前，达尔文雀族祖先的一支来到加拉帕戈斯群岛，并适应不同的环境逐步完成分化。

不仅如此，有数据表明，由于持续的干旱，加拉帕戈斯地雀的喙在短短几年中平均长度增加了零点几厘米。在这么短的时间内，进化结果可谓相当明显。

这是因为气象条件导致植物群发生了变化。加拉帕戈斯群岛的植物群相对简单，基本只有两大类：一类种子小且纤弱，遇到干旱便会枯萎；另一类虽然耐旱，但是种子大且坚硬。当干旱气候持续时，只有坚硬的种子能熬过考验，只有鸟喙足够大、能够食用坚硬种子的个体才有机会存活下来。于是，种群鸟喙的尺寸就迅速发生了改变。人们发现达尔文雀族在之后的200年里，鸟喙并没有发生特别显著的变化，那是因为气候一直干湿交替，鸟喙的大小也只是在零点几厘米的范围内时而变大，时而变小。假如同样的气候持续几百年或几千年不变，那么鸟喙的大小和形状势必会向同一个方向发生变化。

乌鸦的喙看上去差不多，其实也是很多样的。大嘴乌鸦不仅体格大，喙也大，而且呈弯曲状。大嘴乌鸦日本亚种（*Corvus macrorhynchos japonensis*）在这一点上尤为明显。相比之下，东南亚的亚种就小巧一些，喙也更细更小。

从世界范围内看，东非的厚嘴渡鸦有着非同寻常的厚实鸟喙，而欧亚大陆的秃鼻乌鸦的喙就较为纤长，非洲南部生活的海角鸦的喙更是和栗耳鸦、斑鸦一样细小。

喙的形状和大小其实反映出食物的特点。大嘴乌鸦食腐的习性很明显，特别是在温带和亚寒带地区，冬季很少能吃到果实。因此，是否具备将动物尸体轻松撕扯成小块吃进肚子的本领就显得更加重要。在日本，没有渡鸦这种个头儿大一圈的竞争对手，无须考虑自己在食物链的位置，因此可以自由进化出更大的体形。

而厚嘴渡鸦需要面对秃鹫和髯鹫这样的大型食腐鸟类，要从它们口里夺食。所以，尽管体形上没办法抗衡，至少要把喙的威力提升一个档次，让自己能够更好地啄下"贴骨肉"。秃鼻乌鸦很擅长使用自己的尖喙，可以将

秃鼻乌鸦

地下的蚯蚓掘出来。我个人从未见过海角鸦，不过它们既然生活在干燥的地区或大草原上，恐怕也需要在土地里或草丛里觅食。

按照这个规律，如果有生存需求，灰椋鸟也不是没有可能进化出足以撕扯肉的大喙，并进化为食腐鸟类。参照加拉帕戈斯地雀的例子，如果给灰椋鸟100万年的时间，这些都可能发生。本书讨论的时间段横跨1500万年，在进化时间上应该绰绰有余。

★ 候选者3号：鹦鹉和鹦哥[1]居然也有资格

说到这里，还有一个群体必须纳入考虑范围。它们具有变为肉食类动物的潜质，还能吃果实，尤其是较大的果实，机灵程度不输乌鸦，甚至和乌鸦一样都在神话故事中出现过……这种鸟类就是鹦鹉和鹦哥。

---

1 鹦鹉和鹦哥的原文为"オウム"和"インコ"。前者指30—60厘米的中大型鹦鹉，多有凤冠；后者指10—40厘米的中小型鹦鹉，多无凤冠。——编者注

我在其他书中多次提到，鹦鹉和鹦哥属于鹦形目鹦鹉科，和游隼非常接近。游隼和鹰、鸳其实是远亲，它们的相似点只是集中在外形和行动上，就是在空中盘旋以捕食猎物，仅此而已。

一边是只吃肉食的游隼，一边是只吃果实的鹦哥和鹦鹉，看上去毫不相干，但其实它们的祖先都是肉食系鸟类。鹦哥一族在进化过程中改成了素食主义者，属于离经叛道之徒。尽管如此，古老的DNA决定它们身体里还保留着食肉的倾向，甚至有一些在食素多年后又重回食肉阵营。最具代表性的就是新西兰的啄羊鹦鹉。

啄羊鹦鹉

啄羊鹦鹉是新西兰特有的鸟类，体长约45—50厘米，和小嘴乌鸦差不多。体重从700克到1千克不等，略重于小嘴乌鸦。啄羊鹦鹉喙长而尖锐，形状也像其他鹦鹉一样向下弯曲。其羽毛为橄榄绿色，但更暗一些，看起来不太起眼。当啄羊鹦鹉展开双翼时，可以发现它腋下的羽毛为红色。

啄羊鹦鹉栖息在新西兰的山岳地区，它的食性非常特殊。在温带，特别是树木种类较少的亚高山带，只依靠果实是很难生活下去的。啄羊鹦鹉食谱很杂，包括花蜜、果实、昆虫、小动物、鸟蛋、幼鸟和动物尸骸，特别不挑食。如果家畜没有什么反抗能力，它还会跳到家畜背上啄食皮肉，严重的时候会导致家畜中的羊死亡。

不仅如此，听说如果狩猎者将捕获的猎物剥皮去肉后，强悍的啄羊鹦鹉又会盯上这些皮和骨，成群结队跑去啄食。因此，有的猎手会特意将硕大的鹿头留给啄羊鹦鹉，利用它们去除骨头上边边角角的肉屑。此外，啄羊鹦鹉是鹦鹉一族，自然智商在线，知道如何合理地用喙完成推和拉的工作，最有效地搞到食物。在人工饲养的环境下，它们会做出类似使用工具的举动。即使是野生的啄羊鹦鹉，也会翻开垃圾桶盖，或是对瓶子产生兴趣，尝试着把瓶子叼出来玩。有时候，啄羊鹦鹉就像乌鸦和玄凤鹦鹉的混合体，会自导自演将自行车胎啄到爆胎的恶作剧。

啄羊鹦鹉的杂食属性、群居属性和搞恶作剧的生活方式，残忍掠夺鸟蛋、幼鸟和没有抵抗能力的家畜等行为，都和乌鸦非常相似。还有，不要忘记，乌鸦的家乡很可能是大洋洲，而新西兰就在大洋洲。不排除一种可能，就是啄羊鹦鹉和乌鸦一样，由澳大利亚或新几内亚进入新西兰，进化之后飞越大洋去往东南亚和东亚，再从那里飞去欧亚大陆、非洲，以及美洲大陆。[1]因此，啄羊鹦鹉取代乌鸦现有的江湖地位也不是毫无可能。

可能有的读者会提出质疑，指出鹦鹉和鹦哥都是热

1　当然，这一推论也有很大的漏洞。因为乌鸦在新西兰没有自然分布，所以，即便大洋洲是乌鸦的故乡，那为什么乌鸦没有飞入新西兰呢？或是说曾进入新西兰而又彻底灭绝了呢？同时，啄羊鹦鹉是否能从新西兰逐渐分布到世界各地，这一点也存疑。因为就在不远处的澳大利亚，都看不到啄羊鹦鹉的踪迹。也许这是因为后文即将提到的"营巢习性"。总之，这一推论之所以出现在书中，完全是为了扩展乌鸦候选者的范围。

带鸟类。的确，今天鹦鹉主要分布在热带、亚热带等低纬度地区，但这并不意味着它们无法生活在高纬度地区。城市热岛现象越来越严重，东京从50年前开始就存在红领绿鹦鹉野生化的现象。

在北美地区，到19世纪为止都曾经栖息着叫作卡洛林鹦鹉的种群，它们分布在从墨西哥湾到弗吉尼亚州、伊利诺伊州地区。19世纪时弗吉尼亚州的里士满市1月平均最低气温只有零下1摄氏度，就算想要南下御寒，佛罗里达南部也动辄降到10摄氏度以下。可以看出，就在一两百年之前，鹦鹉家族里还曾经有这么耐寒的成员。

2016年，在俄罗斯的贝加尔湖附近发现了距今1800万到1600万年的鹦鹉化石。[1]古老的西伯利亚和今天相比气候要温暖一些，但也绝不是热带或亚热带。研究表明，那里当时的植被有榆树和核桃树，大抵是温带气候。考虑到这些，应该不难确定古代鹦鹉和鹦哥的分布远比今日

1　Nikkita V. Zelenkov, 2016, The First Fossil Parrot (Aves, Psittaciformes) from Siberia and its Implications for the Historical Biogeography of Psittaciformes. *Biology Letters*, 12(10).

要广。如果条件允许，这些鸟儿也很有可能到世界各地栖息繁衍。

鹦鹉类有一个优势，那就是它们的食谱里有很多果实，这一点与乌鸦非常契合，显示出了取而代之的可能性。不过，在繁衍方面它们又存在一点劣势。鹦鹉类主要依靠树洞营巢，即使是在日本野外成活的红领绿鹦鹉，也主要在树洞营巢。这也是红领绿鹦鹉在东京的数量没有猛增的原因之一。城市中可以营巢的地方过于有限，如果飞去乡村，一方面气温会更低，另一方面也没有人类活动带来的食物，生存可能更加不易。因此，即便我有心选啄羊鹦鹉取代乌鸦，恐怕在现实世界中，它们也很难像乌鸦一样快速繁衍。

彪悍的啄羊鹦鹉和鸮鹦鹉是近亲。鸮鹦鹉属于不会飞行的夜行鸟类，因为不会飞，所以巢穴自然也在地上。有意思的是，尽管啄羊鹦鹉会飞，但不知为何它们并不在树上营巢，而是将巢建造在树木根部或在地表延伸的粗壮树根之间。这也成了它们的一个弱点。

此前，在啄羊鹦鹉生活的新西兰地区，除了蝙蝠以外并没有其他哺乳动物，没有大型蜥蜴，也没有蛇出没，所以将巢建在地面也没有危险。但是如果走出这片"净土"，鹦鹉蛋分分钟就能被天敌吃个精光。所以，啄羊鹦鹉想要分布到更多的地区，恐怕先要改掉地面营巢的习性。若非如此，连登陆澳大利亚都很困难，那里毕竟还有有袋类和爬行类的陆地捕食者。

作为结论，让我们姑且做出下述假设：类似啄羊鹦鹉这种具备肉食属性且能够在树上营巢的鹦鹉和鹦哥，有可能分布到世界各地。

★ 彻底改变食性

截至这里，我一直努力从食性和乌鸦相近的鸟类中寻找候选者。如果换个思路，有没有可能让某种鸟类彻底改变食性呢，比如让肉食性鸟类吃素？

请读者先不要嘲笑我的想法太过愚蠢。因为鸟类古老的祖先原本很有可能是恐龙，而且是后肢发达、行动敏捷的食肉类恐龙。也就是说，追本溯源，鸟类的祖先其实不是吃素的。

然而，在漫长的进化过程中，出现了专吃种子和果实的鸟类，甚至还有鸭子等以草为主食的"偏食"一族，肉食性转化为了草食性。其实在鱼类中，水虎鱼的近亲里也有只吃植物的巨脂鲤，而香鱼在成长过程中会经历从吃昆虫到吃藻类的转变。

恐龙的例子就更多了。在虚骨龙类中，既有《侏罗纪公园》里无比凶残的伶盗龙和鳄龙，也有镰刀龙这样变成草食性恐龙的成员。镰刀龙身长10米，绝对是庞然大物。其前肢长度2米，巨大的镰刀龙爪可长达70厘米（活着的时候加上角质部分应该更长）。早期研究者认为这样的巨爪是杀伤力很强的武器，但是随着研究不断深入，目前主流观点认为镰刀龙是用爪子扒拉树枝并帮助进食，它竟然极有可能是草食性恐龙。当然，对此还有一些不同的观点，比如认为镰刀龙主要吃鱼。无论怎样，恐龙的祖先大概率是肉食性，因此所有的草食性恐龙都经历了二次进化。

不仅是恐龙这样体形巨大的动物，小到蜘蛛和青蛙，也出现了草食性的品种。伊泽克松氏巴西树蛙是一种生活在树上的青蛙，它们不仅食用植物，还会积极地采集花蜜、为花授粉，对植物的繁殖尽一己之力。

因此，动物由肉食性转为草食性也并非没有可能。

只是肉食性鸟类如果转为吃果实，需要更发达的味觉系统，比如食用果实和花蜜的鸟类在感知甜味的能力方面都得到了充分的进化。

既然鸟类的先祖是肉食性的恐龙，那么它们原本就不会像哺乳类一样咀嚼，捕到猎物一般都是囫囵吞下，基本不会在意什么味道（毕竟除了鳞和皮外也没什么味道）。最重要的一点是，吃肉的时候需要感受的是"鲜味"。感受鲜味，就需要探知分解蛋白质时产生的氨基酸的味道。同时，也要能够感受有害物质，避开危险。我们吃过期豆腐时，能尝到发酸的味道，就是一个通过味觉感知有害物质的典型例子。所以，肉食性动物不需要具备感知甜味的能力，只有在品尝成熟的果实和甜美的花蜜时才需要这种能力。顺便说一句，蜂鸟感知甜味的味觉是由感知氨基酸的细胞发生变化后产生的。

鸟类刚从恐龙分化出来的时候，恐怕还不具备感知甜味的能力，而是后来慢慢进化出来的。首先，那个时代没有果实。开花的被子植物大致出现在白垩纪之后，而甘甜果实的出现要比花还晚。果实的颜色和果肉的甜味应该是随着鸟类的进化一点点改变的，因为鸟类是传播种子的志愿者，植物的进化也是为了更好地回报鸟类。当吃果实的鸟类进化到可以感知甜度时，植物也必须相应地迎合鸟的口味，产出更美味的果肉。

那么，如果猛禽身上发生了某种突变，会不会也扭转食性，开始以果实为生呢？至少，在捕获不到猎物时，如果还有果实这个选项，也不是一件坏事。虽说消化果实还需要匹配相应的消化系统，但是好在水果总是要比树叶和树枝更容易消化。以鱼类为主食的海鸥都可以吃虎皮楠的嫩叶，那其他肉食性鸟类应该也吃得下水果吧！如此一来，我们又多了一个选项。

如果再继续打开思路，我们还可以考虑一下草食性鸟类是否会变成肉食性。

同样，我们不能完全否定这种可能性。比如鸽子，它的主食是草籽，但偶尔也吃昆虫和蚯蚓。蜂鸟貌似只吸食花蜜，但在养育幼鸟时，鸟爸鸟妈会捕捉昆虫给孩子加餐。所以，草食性的鸟类也并非完全拒绝开荤。那么，有没有哪种草食性鸟类会替代乌鸦的地位呢？它必须能将乌鸦的果实食性发挥到极致，还要吃得了鲜肉和腐肉。

肉食进化为草食的例子不少，而草食再次进化为肉食的例子就非常罕见了。鲸偶蹄目是这一罕见现象的具体体现。它们本来和河马一样，属于草食动物，最多就是以草食为主的杂食动物，但目前已经完全进化成齿鲸这样的肉食动物。

还有一个例子，也能体现从草食到肉食的进化过程，那就是我们人类。米基·本·多尔等人在2021年的论文[1]中提出，我们的胃酸酸性如此之强，很可能是人类肉食性的证据，可以推测出早期人类在很长时间内都以肉食为主。人类的祖先类人猿属于灵长类，而灵长类主要吃植物的果实和叶子。如果论文中提出的假说成立，那么人类就是从草食性进化为肉食性的典型例子。关于这个论点还存在一些疑问，比如为什么人类牙齿的形状并不具备典型的肉食动物特点，为什么在狩猎采集时代人们大部分的卡路里摄入都来自植物？

1　Miki Ben-Dor et al, 2021, The Evolution of the Human Trophic Level during the Pleistocene. *American Journal of Biological Anthropology*.

所以说，尽管并不多，但还是存在零星例子证明草食性可以转为肉食性。我不太相信鸽子也能进化成食腐鸟类，但也许在极端缺少食物的干旱地区，鸽子也会为了生存而改变自己的食性。

无论是"偏乌鸦型鸽子"，还是"偏鸽子型乌鸦"，在正常环境下都不会出现。大乌鸦非常在意自己的地盘，主要是为了独占食物资源。鸽子通常成群结队活动，它们主要吃植物种子，就算是一拥而上也不用担心粥少僧多。而集体行动的好处却显而易见，可以增强防御外敌的能力。鸽子中的山斑鸠虽然不是大队出行，但也都是成双入对。

秃鼻乌鸦属于乌鸦里比较合群的一种。它们通常以成对的形式划分势力范围，而每对秃鼻乌鸦并不会非常清晰地划分地盘，导致有时会出现几对乌鸦在同一地区觅食的情况。[1]可以看出，乌鸦也并非都是独行侠，甚至有可能和信鸽一样搭帮过日子。我想要表达的意思是，如果秃鼻乌鸦能够像鸽子那样老实勤恳地捡食麦穗，那为什

1　Derek Goodwin, 1982, *Crows of the World* (2nd edition). London: Natural History Museum.

么鸽子不能改变自己的习性,变得更像乌鸦呢?

★ 特别候选者:神级

澳大利亚有一种笑翠鸟,被称为"清晨高声将精灵唤醒的鸟"。所以,我们姑且将这位候选者设为"神级"吧。笑翠鸟的鸣叫声好似狂笑,听起来也很有戏剧性。

笑翠鸟

用聒噪的声音宣告黎明来临,在这一点上,笑翠鸟和乌鸦达成了一致,似乎也具备了取代乌鸦的潜质。此外,无论是在荒废的疏林、生机勃勃的密林,还是在都市中,都能看到笑翠鸟的身影,可以算得上是澳大利亚最具代表性的鸟类了。笑翠鸟身长大约45厘米,和中等体形的乌鸦类似。

不过,这种鸟类也是树洞营巢,而且食物仅限于动物。或许也有可能让它进化得既吃果实又吃腐肉,总体看来,适配度和其他猛禽没什么差别。看来我只能忍痛割爱了。

★ 究竟应该长什么颜色

提到乌鸦,所有人都想到黑色,这一印象可谓根深蒂固。

其实,鸦属也并非都是漆黑的羽毛。达乌里寒鸦、寒鸦就是黑白两色,冠小嘴乌鸦也是。黑白色的还有黑颈乌鸦和白颈鸦,厚嘴渡鸦的脖颈后面有白色的羽毛。新几内亚的灰乌鸦,顾名思义是灰色,幼鸟则是褐色。除了这些鸦属外,其余30余种都是黑色的。所以,"乌鸦都是黑色"

属于不够严谨的表述,而"乌鸦大都是黑色"则是事实。

如果我刚刚列举出的候选者能够进化成乌鸦的替代者,它们会是什么颜色呢?

关于鸟类的羽毛颜色,需要考虑的点有很多,因为不同的色彩可以起到不同的作用。

首先,颜色可以帮助识别种类。有些鸟类是近亲,外形也极其相似,差别只是羽毛的颜色。比如太平鸟和小太平鸟,前者尾端为黄色,后者尾端为绯红色,是最容易辨别的特点。赤腹鸫和白腹鸫无论是生活环境还是行动模式都几乎没有差别,只是胸腹部为赤褐色的是赤腹鸫,灰白色的是白腹鸫。海鸥一族喙部尖端的颜色因鸟而异。比如,海鸥(*Larus canus*)的喙是黄色,而体形大小接近的黑尾鸥的喙尖端是红色,后端则有黑色环带。

这些鸟类的栖息地若是重合,意味着颜色区别更加重要。因为对于鸟类而言,辨别种群的最主要原因就是避免在繁殖后代时认错同类。当然,鸟类杂交并不是什么问题,但是如果行动方式、生活习性和特质并不相同,杂交就会导致后代无法继承优质基因,甚至子孙失去繁殖能力,这对种群来说属于致命打击。

银鸥和灰背鸥的喙很像,都是黄色,先端有红色斑点。不过这两种鸟类的栖息地并不相同,几乎不会出现因为搞错交配对象而遗患子孙的问题。甚至很有可能它们的祖先原本是一种,因为选择了不同的栖息地,从此在基因上再无交集,并在各自的区域进化成不同的种群。它们保留下来的仅有的共通之处也许就是几乎完全相同的喙。当然,鸥属鸟类的进化史非常复杂,在这里就不展开讨论了。

回到乌鸦这边。生活在同一区域的大嘴乌鸦和小嘴乌鸦都是黑色,墨西哥乌鸦和鱼鸦也是通体黢黑。它们似乎并没有为了方便识别种类而在羽毛颜色上面下功夫。[1]有

---

1 但是,贝尔斯特拉等人的研究认为小嘴乌鸦和冠小嘴乌鸦的分化可能与视觉要素有关。这两种乌鸦的分布地域临近,按理说会在杂交种地带(hybrid zone)发生杂交,但实际上杂交个体并不多。贝尔斯特拉在论文里提到,两种乌鸦在与视觉相关的基因方面存在差别,并认为外形上的差异影响了它们的杂交。因此,在同一地区分布的乌鸦因种群不同颜色也会发生变化,颜色不同又会让它们很容易被识别为其他种群。

此外,鸟类可以利用紫外线的反射识别种群。鸟类的眼睛可以看到紫外线,而这一点是人类凭借肉眼做不到的。不过,目前还没有证据表明乌鸦会利用紫外线打造特殊的花纹。

研究人员认为,黑色或白色的鸟类中群居的种群较多。的确,鸬鹚、乌鸦、天鹅和白鹭(小白鹭、中白鹭和大白鹭的总称)都是成群结队的。对于黑色和白色的鸟类而言,任何其他颜色的鸟都能一眼被看出是另类。我并不是说只有黑白两色的鸟才适合群居,虎皮鹦鹉的花纹和色彩如此繁复,不也一样群居生活?所以,对于群居性鸟儿而言,黑色是方便识别异己的色彩,但并不是意味着所有群居性鸟类都是这种单调的色彩。

色彩的另一个重要作用就是吸引异性。大多数鸟类的雄鸟为了打动雌鸟,都拥有更绚丽的羽毛。极乐鸟超乎想象的"配饰",以及雉科复杂的拼色,都是为了帮助雄鸟在求爱过程中胜出。

为什么这些彩色的羽毛能够帮助雄鸟展示自我呢?这里面的原理其实很多。比如,耀眼的色彩和显眼的色彩可以增强视觉刺激,更容易吸引雌鸟的注意。

选择颜色出众的雄鸟,对雌鸟也有好处。因为想要呈现如此美丽的色彩,就需要产生大量色素。色彩越美,说明雄鸟越有余力生产色素。鲜艳的红色和黄色来自胡萝卜素，脊椎动物是不能自己产生这种色素的，只能通过食物摄取。如果一只雄鸟能够拥有炫目的羽毛，至少说明它吃得很好。至于结构色，也需要具备优秀的细微结构才能呈现羽毛的色彩。总之，羽毛的颜色是雄鸟健康状态的可视化指标。

此外，鲜艳的颜色和巨大的羽毛其实对鸟类生存而言是一个威胁，简直是没有困难制造困难的典型例子。但即便顶着如此大的困难，还能活得很好，而且可以积极求偶，说明这只雄鸟的生存能力非比寻常。

这些信号一方面伴随着风险，一方面显示出"可以应对风险的能力"，被称为"诚实的信号"（honest signal）。代入人类社会中，可能就相当于一个人身穿奢侈品、住着大豪宅、开着名贵跑车，而这并不会导致他破产，因为人家就是这么有钱豪横。

那么，黑色羽毛代表什么呢？黑色羽毛需要大量的黑色素，营养不良的乌鸦羽毛会明显褪色，失去光泽，变得接近褐色。所以，闪着光亮的漆黑羽毛是乌鸦营养状况的可视化指标。事实上，虽然乌鸦看起来没有在装饰性羽毛上花心思，但有些乌鸦喉颈部的羽毛会格外有光泽。

小嘴乌鸦和渡鸦甚至还有鬃毛状的羽毛，大嘴乌鸦则是顶着一头蓬松的羽毛。

当乌鸦想让异性为自己梳理羽毛时，会率先伸出有特色的那部分。所以，尽管人类认为"天下乌鸦一般黑"，但人家其实做到了黑里出彩，黑里出亮点。

只是，这并不是乌鸦必须黑的理由。

黑色素还有一个特质，那就是可以让羽毛非常结实，黑色素越多，羽毛的强度越高。有些鸟类的翅膀尖端会呈黑色，一方面是为了和其他鸟类有所区别，另一方面很可能是因为翅膀尖端很容易碰到其他地方，黑色可以使其更加结实。大型猛禽的羽毛多为深色，恐怕也是这个原因。从伪装术的角度看，羽毛应该浅一些，至少腹部的是浅色，这样在天空飞翔时才不容易被地上的猎物发现。苍鹰在高空飞翔时，如果从地面抬眼望，会发现它的胸腹部羽毛有白色条纹。当苍鹰盘旋的时候，很容易融入蓝天白云之中。然而，大型的鹰类胸腹部却以深色居多。

此外，黑色素含量多的羽毛还有抗菌作用。鸟类羽毛上会寄生真菌类物质，这会降低羽毛的耐磨度，让羽毛变得容易磨损。这对鸟类来说是极其危险的。研究表明，黑色素颗粒较多的羽毛不容易感染细菌。

还有的研究者认为，黑色羽毛能够防止鸟类得病，特别是吃腐肉时不容易被传染疾病。比如加州神鹫、黑美洲鹫、红头美洲鹫的羽毛基本是黑色，安第斯神鹫也大部分是黑色羽毛。秃鹫属羽毛颜色变化会多一些，黑兀鹫、头巾兀鹫就是以黑色羽毛为主，但是黑白兀鹫的羽毛和欧亚兀鹫的羽毛并不是黑色，甚至白兀鹫的羽毛是浅灰色或白色。由此可见，并非食腐鸟类就一定要用黑色羽毛做保护屏障。黑色固然有这样那样的优点，但其他颜色也不意味着会降低活下去的概率。

根据最新研究，君主斑蝶翅膀的花纹有可能影响它的飞行能力。研究人员认为，由于黑色部分会升高温度，造成局部形成上升气流，因此翅膀表面也会产生细微的气流，减少空气阻力。

在鸟类方面，有研究认为海鸟的羽毛颜色越深，越能减少空气阻力。但是，具体到乌鸦身上，是不是因为通体漆黑就具备超强飞行能力呢？食腐鸟类的确都擅长远距离飞行，不过，鸦属中既有渡鸦一般"为飞翔而生"的健将，也有飞行能力比较拉胯的群体。像大嘴乌鸦和小嘴乌鸦，它们的飞行能力应该属于差得让人难以置信。尽管黑色羽毛可能会对飞行有所帮助，但也并不是所有个体都可以从中获益。

可以得出的结论是，乌鸦的进化史使得它们更有可能变成黑色，但是即使变不成黑色，也不至于种群灭绝。所以我在考虑替代乌鸦的候选者时，并不会将黑色羽毛作为需要考量的重要因素。这一点从鸟类学的角度很容易说得通，反而是人类接受起来有些困难。

我在前文列出的几名候选者中倒是也有漆黑的家伙，黑美洲鹫和秃鹫几乎通体黑色，黑林鸽是黑的，棕榈凤头鹦鹉颜色也足够深。椋鸟科里的鹩哥和八哥身上会有一点白斑或黄色的点缀，但基本还是以黑色为主。蓝矶鸫等鸫科的确不能算很黑，但鸫科的黑鸫和乌鸫依然算是黑色系。

几乎所有鸟类体内都有黑色素，具备合成黑色素的功能，因此它们在各自的种群里进化出黑色个体，只是黑色素的分布和含量有所不同。如果乌鸦的替代者需要具备黑色外观，那它势必也会进化出一身黑色的羽毛。

结论

究竟谁能成为乌鸦的替代者？

1. 秃鹫（秃鹰）和卡拉卡拉鹰等食腐鸟类
2. 体形变大的鹟科和椋鸟科
3. 食性更复杂且可以在寒冷地区栖息的鹦鹉
4. 改为肉食性的鸽子，或是能吃果实的猛禽

但是不能保证上述候选者都能进化成黑色的外表。

以上都是一些可能性较大的情况。

但是，乌鸦的影响并不仅限于生态系统中，还与人类文化和社会关联甚密。下一章我想重点讨论一下，如果没有乌鸦，人类世界会发生什么变化，以及我们会希望乌鸦的替代者具备什么特质。

第三幕

如果乌鸦从人类社会消失

如果乌鸦从宗教中消失

人类对乌鸦的情感应该是又爱又恨吧。最近在日本有一部很火的电视动画片，名为《我推的孩子》，很好地演绎了这一点。

在动画版的第一集中，有一个镜头描绘了宁静的田园风光。视角是雨宫吾郎就职的医院屋顶，可以看到天空中有黑鸢盘旋，还有成群的乌鸦掠过。这些鸟类是乡村景色的一部分，乡村的乌鸦并不会让人联想到拥挤混乱的城市街道。

然而在暗夜森林的场景中，雨宫吾郎被偶像的"私生饭"推下悬崖。这时，一起惊飞的乌鸦成了不吉，甚至恐怖的象征，代表田园风光的乌鸦消失不见了。

在第二集及以后的剧集里，开篇都出现了在东京高楼中飞过的乌鸦，最后一集里还有凝视着主人公的乌鸦，相信这些都不是毫无意义的设计。

动画片中乌鸦反复出现。一位带着乌鸦的谜一样的少女，留下了谜一样的话。在乌鸦的引导下，雨宫吾郎的遗体终于被找到。乌鸦是夜行鸟类吗？乌鸦会钻入洞穴吗？尽管我对这些表示存疑，但是不得不承认，作为一部动画剧集，这里出现的乌鸦近镜头画得还是相当出色的，虽然有时候有点像渡鸦。

仔细想想，人类心中的乌鸦形象基本在《我推的孩子》里面描绘了一遍，这个事实让我吃了一惊。从恬静的乡村到杂乱的都市，乌鸦在截然相反的环境里也毫不违和。在人类眼中，它是死亡的象征，连接着过去和今天，还可以用超自然的力量指引人类。

如果生物史上没有乌鸦，那么从文化的角度来看会有什么不同呢？在没有乌鸦的世界里，神话传说和传统习俗中都不会有乌鸦的影子。而实际上，乌鸦是在神话中出镜率很高的一种鸟。

这个事实会产生很多影响。不能否认，乌鸦的邪恶形象和宗教观念有一定关联。但在一些文化中，乌鸦竟然是神圣的鸟。

创作者在创作的过程中，会有意识或无意识地注入宗教观念。《新世纪福音战士》明显就带着基督教的痕迹，好莱坞电影中也有很多内容需要通过基督教相关知识才能理解。《凶兆》《同情恶魔》《魔鬼末日》《康斯坦丁》都非常明确地涉及了上帝与恶魔，以及殉教的概念。科幻电影《隐藏杀手》里面也多少带有基督教的世界观。

因此，我想首先设想一下如果宗教里面没有乌鸦会是怎样。

★ 古代神话和自然信仰中的乌鸦

在黎明到来之前鸣叫，从太阳的方向飞来，夕阳西下时又成群结队仿佛追逐落日。乌鸦的习性为它们平添了神秘的色彩。无论是在古代中国还是在古埃及，乌鸦都被视为代表太阳的鸟。日本神话中的八咫乌是太阳神的使者，从这个意义上看，也是代表太阳的鸟。

鸟类多为夜伏昼出，在清晨时分会格外活跃，所以清晨鸣叫也很自然。当然，也有一些鸟类并非如此，比如鸡。它们的鸣叫时间通常在夜里。鸡的祖先原鸡非常规律，会在天亮前一小时左右打鸣。所以，鸡在黎明前的黑暗里打鸣并不是因为它是家禽，而是刻在基因里的特征。不过，人类之所以饲养家鸡，也许就是看上了这一点。

鸡

至少在东南亚一带，人们饲养家鸡虽也用于食肉和产蛋，但更多的是为了祭祀。家鸡可以担此神圣重任，和它能在凌晨宣告一天的开始有一定关系。

有过露营经历的人都知道，在远离人造光源的世界，夜晚是真的很黑，而月亮和星星的微光比想象中更明亮。如果遇到新月，或是阴天，夜晚完全就是"伸手不见五指"。

现代人很难体会寒冷的冬夜多么难挨，会多么期待早晨的到来。虽然有读者可能会说："你也是个现代人，在这儿装什么深沉！"不过，我上学时曾经在冬天屋久岛的山间小屋中体验过寒冷，因为透骨的寒意而浑身打战，所以多少有一点发言权。

当时，我穿上了所有能穿的衣服钻进睡袋，但依然冷得难以忍受（当然，我当时对叠穿毫无心得，穿了很多层也不能有效地保存体温，所以没有起到作用。第二年我吸取教训，好好地搭配了叠穿的组合）。我把睡袋拉过头顶，使劲把拉链往上拉，但依然冻得浑身打战，只感觉冷空气从拉链缝里、从头顶不断地钻进来。不仅如此，虽然我在地上铺了防寒垫，但仍然能感觉到地板的冰冷，热量从身体与地面接触的部分不断流失。我蜷起身体侧卧着，尽量减少与地面的接触面积，努力保持热量不流失。实在忍不住了，就翻到另一侧继续蜷着。如此辗转反侧，刚要入睡就被寒冷一巴掌打醒，看看表才过去了一个小时。我估计当时室外最低气温大约是零下5摄氏度，并不算严寒天气，但问题是室内也接近零度。没有厚被子，没有取暖器材，没有隔热层，只有太阳才能给这个世界带来温暖，而太阳却迟迟不肯升起。我一边颤抖，一边开始意识蒙眬。就在这时，一种彻骨的寒意袭来，这一定是黎明之前的寒冷。我告诉自己，熬过这一波天就亮了。就这样，我在睡袋中紧紧抱住自己，哆哆嗦嗦地忍耐，然后终于感觉寒意正在一点点地退去。难道气温开始回升了吗？我无比期待地探着脖子望向天花板上的小窗，只见从窗户中投射进来一缕极其微弱的浅蓝色晨光。

我想，古人一定也曾经在心中默念"再忍忍，雄鸡就要打鸣了"，并借此熬过如此凄厉的寒夜。

对于上古的人类而言，黑夜还意味着危机四伏。鬼神、凶灵、怪物、野兽，还有事故。哪怕在黑暗中绊倒，都可能受重伤。古人虽然不会在伤痛和疾病面前变得软弱，但在缺医少药的时代，一点小伤就可能有生命危险。要是无意中踩到一条毒蛇，那就大概率要一命呜呼了。

古代人类将这些事故都归为潜伏在夜色中的鬼怪所为，其实也情有可原。在绳文时代（公元前12000年到公元前300年），人类的平均寿命只有30岁左右。

因此，夜晚等于黑暗和邪恶。因为没有计时装置，人们只能在面对黑暗的恐惧中等待黎明到来。他们会多么期待鸡鸣的瞬间啊。拂晓，如字面所示，是拂去夜晚的时刻，是一唱雄鸡天下白的时刻。所以，很容易理解古人会将鸡视为"驱邪除魔"的象征。

如果没有鸡，世界会是什么样呢？

直到欧洲人把鸡带来之前，北美并没有鸡，原住民特林吉特人的文化中也没有鸡的存在。他们有时会将渡鸦或白头海雕视为神鸟。这可能和黎明并无一定的关联，不过乌鸦的确也是可以代表黎明的鸟类。因为它们会在天亮之前醒来，"啊，啊"地扯着嗓子飞过黑暗的天空。

古代中国和埃及都将乌鸦视为代表太阳的鸟，应该就是出于这个理由。人们认为乌鸦从太阳的方向飞来，傍

渡鸦

白头海雕

晚又会飞向太阳。

顺便说一句,澳大利亚土著将笑翠鸟视为宣告清晨到来的鸟。因为他们相信如果精灵还在休息,清晨就不会到来,而笑翠鸟的声音可以唤醒精灵。这种鸟的叫声相当狂野,如果真的有精灵,肯定会被吵醒的。

这些存在于自然信仰中的神都比较随意,活得很自我,并不一定符合现代人心中神灵"威严且一本正经"的设定。毕竟今时今日的神都是无所不知,无所不能,从不出错,无懈可击。

在这一点上,古代的神更加无所顾忌。看看古希腊神话里的众神之王宙斯[1],看到喜欢的人就会不择手段地据

---

1 宙斯为了接近廷达瑞俄斯的妻子勒达,化身天鹅与之亲近,结果生下了四个天鹅蛋,其中之一孵化出海伦,而宙斯化身的天鹅变成了天鹅座。他还化身为牛,以接近美女欧罗巴。在欧罗巴放松警惕的时候将其掳走,而他还挺骄傲地将这只公牛的形象升上了天空,成为金牛座。当他看上美少年伽倪墨得斯时又化身为一只巨鹰,将他带到奥林匹斯山,在众神之宴倒酒。为了纪念这个行为,他又创造了水瓶座。可以看出宙斯是多么乐于将自己的"犯罪史"展示出来。

为己有，还将这些举动以星座的形式记录下来。

作为自然信仰中的神鸟，乌鸦的确是喜欢恶作剧，而且为了自己的利益，没有原则。在特林吉特族的传说中，乌鸦创造了人类。最开始它还是使用石头制作，但是因为加工起来费时费力，就改为用落叶制作了。这就是人类身体脆弱，终会死亡的原因。

这个故事还算合理，澳大利亚土著神话中出现的乌鸦大神就有些过分了。这个神也创造了人类，但是他的理由是为了要制造出轨对象，简直比宙斯还要卑劣。

所以，如果没有乌鸦，就不会有这些神秘、恶搞且行为怪诞的神的形象。"机灵，爱捉弄人，有时还有点儿高贵"，乌鸦在神话中就是这样一个存在。当然，如果没有乌鸦，相信人类也会找到可以取代它的鸟。不过既要符合它在生态系统中的地位，也要符合它在古代神话中的地位。

凯尔特神话中的战神摩莉甘非常符合地母的形象。摩莉甘所到之处战火蔓延，尸横遍野。在她身边有一只乌鸦，在有的故事中她干脆就化身成乌鸦。战场上尸骨累累，必然会吸引成群结队的乌鸦。而且当士兵安营扎寨时，也一定会有乌鸦来侦察情况。因为兵营会产生大量食物垃圾，乌鸦就会跟着军队前进。从这个层面看，军队、战场和乌鸦有着不可分割的关系。

不过，所有这些远古时代的神都随着基督教的兴盛而退出了历史大舞台，只能在民间神话和习俗中找到影子。

★ 基督教中的乌鸦

直到今天，乌鸦都不是基督教中讨喜的形象。乌鸦的意象更接近恶魔、魔女、巫师、狼、玄幻和重摇滚，总体而言多为上帝的对头，或者违抗上帝旨意者。当然，玄幻未必都是上帝的对立面，不过试着感受一下《断头谷》里面的世界观，就不难发现乌鸦基本属于"大体在基督教框架内，但属于巫术或亡灵一系"的，至少肯定不属于正统的一支。[1]

---

1 在这一点上，基督教中其实还保留了部分来自民间信仰的内容，所以有些复杂。比如，我认识的一位尼日利亚朋友是天主教徒，但是他依然相信当地古老文化中巫师的超自然能力（☆1）。他表示是"自己亲眼所见"，所以一定是真的。此外，在英国既有刻板严格的清教徒文化（☆2），也有通灵术一类相信超自然力量的民间信仰。　　　　　　　　　　　　　　（转下页）

虽说如此，但在基督教中也出现过乌鸦的身影。《圣经》中乌鸦至少登场过两次，一次是在先知以利亚遭到迫害流亡时，乌鸦叼来饼和肉供养他。这可能和基督教以前（或成立之初）的古代信仰与世界观有关联。而且，如果按字面意义理解的话，似乎也是有可能发生的事情。乌鸦并不会专门为人叼来食物，不过人倒是可能循着乌鸦留下的蛛丝马迹找到食物。

乌鸦是贮藏食物的高手。但是，人类想要找到乌鸦藏起来的食物十分困难，埋在枯叶下的食物更是几乎不可能。我曾经试过好几次，明明看到它埋在某个地方，却无论如何找不到。总结起来，最重要的原因是我并不知道它

（接上页）

☆1 尼日利亚电影被称作"诺莱坞"（即 Nigeria+Hollywood 组合的 Nollywood）。里面的确经常出现巫师，用超自然力量解决问题，还会留下很多古老的启示。

☆2 听说英国饭菜难吃的一个原因，就是清教徒需要遵守禁欲的信条，刻意不去追求美食带来的快乐。因为我从未去过英国，所以并不知道饭菜是否真的难吃。毕竟随着历史的发展，饮食也会发生变化，英式下午茶之精美也早有耳闻。但是在英国工作过的同事都对我说："你去试一次就知道了。"

藏了什么，所以也就无从找起。乌鸦藏的东西，有可能在人类看来并非"宝物"。我曾经见到过一次最不符合"粮食储藏"标准的行为。一只乌鸦衔着一根从冬日田野里捡到的稻草，蹦蹦跶跶地将它小心翼翼地藏到了稻茬中。虽说"木藏于林"是大智慧，但是把稻草藏在稻茬里又是为哪般呢？我只能说隐藏得天衣无缝，但是也不知道这只乌鸦能否甄别出哪一根是自己特意藏起来的稻草。

同时，乌鸦也有相当随意的贮藏行为。如果是在《圣经》中以利亚流亡的荒原之上，跟随乌鸦的脚步，说不定会发现乌鸦在岩石缝隙中胡乱藏匿的食物，也未可知。

想得再直接一点，乌鸦成群的地方一定会有食物。如果是在荒野之上，大概率是死去的动物，但这也是食物的一种。当我对乌鸦进行研究调查时，曾经遇到成群的乌鸦聚集到貉或兔子的死尸旁边，甚至有一次还看到了刚刚死去的山鸡。说实话，如果是刚刚死去的动物，也完全可以成为人类的食物。可能我这种意识过于明显，以至于一起工作的研究人员望向我的眼神里充满了困惑，仿佛在说："这位该不会是想着要拿来自己吃吧？"在知床半岛的雪地里，我还遇到过一群乌鸦围着死去的驯鹿。驯鹿看起来最多是前一天夜里刚刚死掉,如果从乌鸦手里抢过来,也是一顿美餐。

所以,栖身荒原的先知从乌鸦那里得到食物的可能性非常大。

当然,我知道对于宗教神话不应该做这样字面意思的解读,因为这类故事的底层基调就是"不可能"。如果是现实中常见的事情,那么神话故事集就可以当作日记了。只不过不可能的故事也不完全是杜撰的,遗憾的是我们已经不知道它产生的用意。

挪亚方舟的故事明显取材于美索不达米亚的古老神话。和很多古文明一样,神话中出现了大洪水,幸存者登船得救。在原版神话中,挪亚通过放飞乌鸦来确认洪水是否退去,希望它能找出洪水退去、陆地出现的证据。聪明的乌鸦带着陆地上的证据飞回,从洪水中逃出生天的人们终于再次踏上了土地。

但是,在旧版《圣经》中,挪亚放飞的乌鸦迟迟不归,而且书中并没有解释其中的原委,因此出现了不同版本的解读。有人认为这是因为乌鸦忙着吃洪水中丧命动物的尸骸,乐不思蜀;有人说乌鸦未经许可大量繁殖,被挪亚驱逐。

两个版本之间的不同，投射出基督教在选取古代神话时所做的处理。类似这样对古老神话进行改编的例子俯拾皆是，日本神话中关于出云地方的神灵将土地让给天皇一系的内容也有不同版本，可能也是因为故事的原版来自出云地区的神话。素戈呜尊的性格极其复杂，一会儿是有恋姐情结的暴躁男生，但凭借一己之力打败怪蛇，堪称英雄；一会儿又成了冥界之王，掌管一方。有学者认为，这是在神话传承过程中将各种形象杂糅在一起导致的结果。

书归正传，美索不达米亚的先民为何要在神话中安排乌鸦的角色呢？我不是历史学家，也不是文化人类学者，我能想到的只有下面两个理由。第一，从古代开始，人们就认为乌鸦是千里眼。无论是在北美和西伯利亚的狩猎采集时代，抑或是伊索寓言中，人们都将乌鸦看作是聪明的、有点与众不同的生物。所以在神话中也会给它安排一个符合特质的侦察工作。

人类之所以对乌鸦有这样的印象，可能和它们的食腐属性不无关联。即使到今天，人们为了狩猎而露营的时候，都会看到乌鸦过来"探点"，还会时不时地明偷暗抢食物和猎物。当捕猎者处理猎物时，它们就仿佛森林的主宰者，从各个方向出现，在空中盘旋检阅。这样做自然是因为觊觎骨头上残存的肉，即使对方不是猎人，而是狼群，乌鸦的表现也是一个样子。在乌鸦看来，二者都是能干的猎人，至于是四脚兽还是两脚兽，它们完全不在乎。现代人经常感慨，乌鸦居然记得住收集厨余垃圾的日子，智商真高。估计古人也发出过同样的感慨，对乌鸦有同样的印象。[1]

在捷克共和国的新石器时期遗址中出土了大量渡鸦的骨骼化石，看上去人类曾经捕获并食用乌鸦。通过对其骨骼中放射性同位素的检测，可以得知渡鸦曾经食用过大型草食动物。[2]很可能这些草食动物属于自然死亡，

---

1 没有证据表明乌鸦能记住星期几。关于"乌鸦特意等待厨余垃圾日出动"的观点，基本可以给出以下两种意见：乌鸦其实每天都来，看到没有厨余垃圾就立即飞走了；因为有垃圾的时候会在那里停留很久，所以格外引人注意。
2 Chris Baumann et al, 2023, Evidence for Hunter-gathererImpacts in Raven Diet and Ecology in Gravettian of Southern Moravia. *Nature Ecology and Evolution*.

成为乌鸦的食物。但是研究者博曼等人提出了另一个假设——乌鸦原本是想要不劳而获,吃一口人类捕获的猎物,没想到反而变成人类的盘中餐。如果真是这样,从几万年前开始,人类和乌鸦的关系就是捕食者与食腐者的关系。我从没想过人类可能捕食乌鸦,但的确不应该排除这种可能。毕竟现在还会有食腐者渡鸦被捕食者狼捕杀的情况。

所以,喜欢贮藏食物的食腐动物可以替代乌鸦,特别是如果行为谨慎,再略带一点神秘色彩,很容易被赋予神鸟的地位。

猛禽类大都有贮藏食物的习性,它们会把食物藏起来,或者吃一些留一些。乌鸦和松鸦并不像橡树啄木鸟那样将食物当作银行储蓄一样长时间保存,但也会把吃剩下的食物贮藏起来。

再回过头看以利亚的故事,乌鸦给先知送去食物,好像也很合理。实际上,有人认为故事里送食物的不只是乌鸦,还有游隼。也就是说,故事可能将几种鸟合而为一了。

第二,从航海技术的角度也比较容易理解故事中为什么有鸟的存在。在没有指南针和航海图的时代,船只航行需要依靠对照陆地的位置。据说当时船上都会带着鸟,当陆地消失在视野范围中时，就放飞一只。鸟飞行的方向多半会有陆地，所以可以作为航行的依据。

不知道哪种鸟更适合做这个工作，但是可以停留在水面的鸟一定不行，飞行能力过强的鸟也不大合适。乌鸦不怕人，飞行速度不算太快，飞行能力没有强到可以轻易飞渡海峡，而且个头不小，全身黑色在天空上很容易被发现，种种特点都与这个职位非常匹配。据说维京人弗洛基就是借助渡鸦的指引发现了冰岛。故事情节也许和北欧神信仰有关，但如果按照这个版本，弗洛基的确是带着渡鸦航行的。

如果没有乌鸦，美索不达米亚文明中有关乌鸦找到洪水退去证据的部分就不存在了，《圣经》可能也就不会演绎挪亚从方舟上放飞乌鸦或鸽子的故事。这并不会改变《圣经》的主要内容，但的确会改变一些细节。

★ 伊斯兰教中的乌鸦

据说，乌鸦和猫头鹰在伊斯兰教中都是不吉利的鸟。乌鸦出现在该隐和亚伯的故事中，教给该隐如何埋葬弟弟亚伯的遗体（伊斯兰教承认《圣经》的部分内容）。而在《古兰经》中似乎没有提到乌鸦。但是如果没有乌鸦，那应该由谁来完成这个任务呢？该由谁来告诉该隐如何藏匿杀死弟弟的罪证呢？

其实，乌鸦被《古兰经》的相关故事排除在外，可能是因为人们不能接受其爱食腐肉、爱储藏食物的特征。在伊斯兰教中，禁止食用的不洁动物名单里就有猛禽类，比如鹰、鸢、秃鹫，还有东方白鹳、渡鸦、乌鸦和蝙蝠（虽然蝙蝠并非食腐类，但古代伊斯兰教信徒认为其食腐）等。如果食腐动物不能进入《古兰经》的篇章，恐怕乌鸦的候选者大部分也都难以被写进去。再加上贪婪、储藏食物这一点，估计猛禽类也要被排除在外了。

可见，在伊斯兰教中，乌鸦也不是一个讨喜的形象。当然，几乎所有的鸟类地位都差不多，所以在宗教故事里，没有必要出现乌鸦，完全可以换成其他的鸟。

★ **佛教中的乌鸦**

让我们再来看看佛教。至少在传入日本的佛教中没有提到乌鸦。不过，原始佛教应该有很多不同之处，也许会有所涉及。

在不丹，佛教中的摩诃迦罗大黑天神就长着乌鸦头。作为一个神，长着乌鸦头其实还挺异类的，而且我也没有查到为什么会是这样的设定。佛教中的大黑天神缘起印度教中的湿婆神，但是不知道怎么混入了迦楼罗的部分形象。而且，不丹的国鸟就是渡鸦。

南印度的传说中有一种说法，亲近的人会在死去七天后化作黑白两色的乌鸦飞回来。人们在这个时间看到黑白两色乌鸦，会拿出饵食投喂。七天的时间很容易让人联想到头七，而招待回家亡灵的习俗，又很容易让人联想到盂兰盆会。不过，这时如果遇到黑色的乌鸦，人们会扔石头将它们轰走，因为黑色乌鸦被看作恶魔的使者。

在印度，黑白两色的乌鸦主要是家鸦，而黑色的乌鸦就是大嘴乌鸦（近来已被正式认定为大嘴乌鸦的亚种，即大嘴乌鸦印度亚种，*Corvus Culminatus*）。

但是这些古老的习俗并没有被佛教吸收进去，在佛教布道中极少出现乌鸦的形象。因此，如果佛教中没有乌鸦，也几乎不会有任何影响。

家鸦

在佛教轮回中，地狱里有各种各样的动物。如果生前犯了杀生罪就要被打入等活地狱，此外还有不喜处地狱，里面的人曾经"为猎杀故，游行林野，吹贝打鼓"，罪状相当具体。在这个地狱中，会被"热炎嘴鸟"和"金刚嘴虫"等咬食吞噬至骨髓。"热炎嘴鸟"到底是什么鸟，并没有明确的解释，但是有可能会是乌鸦。至少在动画片《鬼灯的冷彻》中，这种鸟的形象非常接近乌鸦。

回归佛教的原点，其起源地在印度，所以啄食动物尸骸和骨头的鸟未必都是乌鸦，或许还有秃鹫和胡兀鹫。

如果是这种情况,《鬼灯的冷彻》和不丹的国鸟会不会换成其他猛禽呢？

★ 宗教文化中的候选者

看完世界三大宗教，我们不难得出结论：即使没有乌鸦，宗教故事也不会产生多大变化。而对于将乌鸦视为神灵的世界而言，影响可能明显一些。特别是北美的原住民们，需要有一种"代表早晨的鸟"来取代乌鸦的地位。

即便如此，有没有乌鸦都不是很严重的问题，毕竟没了乌鸦还会有清晨的犬吠，或是其他成群结队飞向晨光的鸟儿，比如红翅黑鹂，又称红翅乌鸫。别看有"乌鸫"二字，这种鸟并不属于鸦属，甚至不属于鸦科。这让我想起伏尔泰对神圣罗马帝国的评价——既不神圣，也不罗马，更非帝国。

红翅黑鹂是分布在北美的鸟类，很像鸫科，羽毛和乌鸦一样乌黑，但是肩膀（或者说是翅膀上端）有红色和黄色的鲜艳色块，酷似军队礼服的肩章，英文名为Red-shouldered Blackbird。

红翅黑鹂

这种鸟和褐头牛鹂等鸟类形成了一个庞大的集团，特别是在迁徙的时候以数百万只计，飞过时形成遮天蔽日之势。看到这样的鸟群不由得让人心生恐惧，在天色渐暗时分，鸟群形成巨大的阴影移动，不断变换着形状，看起来很邪恶。

还有一个问题，那就是红翅黑鹂虽然在北美分布很广，但在加拿大属于夏鸟，冬季会飞往美国南部或墨西哥等地。如果把红翅黑鹂当作神鸟，难不成神仙冬天还会去休假？而且，即便是在夏天，加拿大北部和阿拉斯加地区也没有红翅黑鹂的足迹。如此一来，特林吉特人等信奉渡鸦传说的原住民居住地，基本都不在红翅黑鹂的栖息地范围内。比较之后才发现，渡鸦居然可以生活在如此寒冷的地区。

红翅黑鹂主要栖息在湿地和农田，但是和人类的联系并不是十分紧密。乌鸦之所以被古人当作神灵，其中一个原因就是它们频繁地出现在人类的生活中，仿佛注视着人们。诚然，乌鸦并不是为了给我们指引，而是因为它们觊觎人类活动产生的食物。但在客观上，乌鸦的确"注视"着人类。这样的行为导致人类产生了奇妙的心理："它总在看着我"，"它在关注着我"。加上乌鸦的行为也很聪明，所以很容易让人将它和寻常鸟儿区别对待。

神秘、聪明、与太阳有关联，想找这样的鸟类居然并不容易。还不如换个思路试试。

我们之所以需要能预告清晨来临的鸟类，是因为惧怕黑夜。如果改为尊崇雕鸮这样守护黑夜的鸟，岂不是简单得多？

雕鸮个头很大，和分布在北海道的毛腿雕鸮是近亲。但是毛腿雕鸮吃鱼，而雕鸮吃鸟兽，还是乌鸦的天敌。雕鸮的身长和游隼差不多，因为羽毛特别茂密且蓬松，所以看起来要比实际体格大一圈。它的脸长得有些严肃，看上去好像总在思考。猫头鹰一类的鸟有一个和其他鸟类不同的特点，那就是它们的眼睛和人一样长在正面，目光向前，有人觉得面相像猫。说起猫来，古埃及的巴斯泰托就是以猫为原型的神，人类反倒是猫的奴仆。

如果由雕鸮守护长夜，白天的时间交给鹫，那就能完美实现24小时无间断的神明安保体系了。大型猛禽并不会太早醒来，或许醒来也并不会到处飞，有一种该出手时才出手的威严。

猛禽不会在黎明前在高空长距离地飞行盘桓，部分原因在于它们的生活模式。猛禽起来后会先简单吃些身边的食物，然后才正式飞到高空。它们按照这种习惯生活可能是因为风。当阳光将地面照热之后，会产生上升气流，从而让飞翔变得更加省力。猛禽自然可以通过振翅高飞，所以并不是绝对不在早间飞行，更不是不能早起飞翔，它们并没有太多有关清晨的时间概念。或许大家都想不到，猛禽其实是一种很节能的鸟类，能不动的时候绝不会动。

说了这么多，我在心底依然很想找到一种"一到天亮就活力迸发"的神鸟，但也不否认雕鸮和鹫的组合也能创造出有趣的神话，一边是睁着眼睛守护夜晚的神，一边是爱睡懒觉守护白天的神。

★ 日本民间信仰中的乌鸦

在日本的民间信仰中，还有一种叫乌天狗的精灵。天狗这个词在古代从中国传入日本，据说应该是流星或光球的化身，这在相关文献中也有据可查。不过，这种形象的天狗并没有在日本落地生根。

日本的天狗很独特，是密教和修验道[1]结合的产物。日本人心目中身着山伏装束[2]、长着长鼻子的天狗形象，

---

1 日本一种结合佛教、神道以及本土山岳信仰的宗教修行体系，强调通过在自然环境中进行严格的修行以实现灵性成长和超越。——译者注
2 山伏是修验道的修行者，他们通过严格的山岳修行以磨炼身心并提升灵性，其典型装束有头巾、白色修行服、结袈裟、法螺贝和草鞋。——译者注

大概形成于12世纪以后。天狗穿着山伏装束，手拿羽扇，身怀法术，住在异界灵山之中，时而做些恶事，或引诱人类进入魔道。结局如何，很少有人知道。但是基本可以将天狗看作一种异形，与其说像妖怪，不如说更接近神佛一派。

烏天狗是天狗家族的一个组成部分，其鼻子长得很像嘴，整体来看基本就是鸟类的脸部造型。《平家物语》中对烏天狗的描述是："像人但并非人，似鸟但并非鸟，类犬但并非犬。手脚像人，头部类狗。左右生双翼，可飞行于天，可行走于地。"可见烏天狗身上鸟类元素还是十分明显的。

烏天狗的面部特征和神鸟迦楼罗非常相似。迦楼罗是佛教护法，其原型来自印度教的哥鲁达（Garuda）。考虑到密教和天狗的关联性，将迦楼罗以烏天狗的形式融入到日本文化中也是一件自然而然的事情。在日语中，烏天狗和迦楼罗天狗两个词的发音也比较接近。[1]

---

[1] 如果烏天狗的原型真的是迦楼罗，其梵语发音的确容易联想到"烏"的发音。

乌天狗在日本历史上没有形成什么大事件，比较有名的可能就是牛若丸[1]在京都鞍马寺修行时得到乌天狗指点的传说了。鞍马寺里面至今还有树根盘错的"树根道"，传说当年牛若丸就是在这条修炼道上闪展腾挪，练出的武功（姑且不说900年前这条路上的树根是否已经具备现在的规模）。相传牛若丸从乌天狗那里学会了剑术和体术[2]，16岁时更名为源义经。怎么看这都只是逸闻，毕竟世间还有更离谱的传闻，否则怎么会产生"此头盖骨乃源义经大人幼年头骨"之类的梗。既然如此，乌鸦也罢，其他鸟类也罢，老百姓肯相信就好。

1　历史名将源义经的乳名。——译者注
2　一般认为源自忍术中的空手搏击之术。——译者注

结论

三大宗教都不会因为世上没有乌鸦而发生很大的变化,整个世界更不会。相信万物有灵的泛灵论可能会受到一点影响,不过他们也会在生物发展史中找到其他类似的物种取代乌鸦的存在。

有意思的是,和乌鸦一样能够"代表太阳的鸟"并不容易找到,即便有,图腾柱也会因此大不相同。对了,日本足球协会的标志也就不是现在的三足乌鸦了。

如果乌鸦从文学作品中消失

★ 《乌鸦》(*The Raven*)

出现乌鸦的文学作品还是有一些的。

最著名的应该就是埃德加·爱伦·坡的 *The Raven*,中文译名《乌鸦》,日文译名为"大鸦",其实就是渡鸦。但是我作为一个生物学家,还是觉得应该直接说"渡鸦",而不是拐着弯说什么"大鸦"。

在这首诗中,乌鸦是一个使者,冷酷地宣告悲惨的事实。诗歌中的故事从一个狂风呼啸的夜晚开始。房间的窗子突然被敲开,一只乌鸦飞了进来。乌鸦的眼睛在烛光映衬下格外漆黑明亮,它凝视着主人公,并对他说道:"永不复焉(Nevermore)"。无论诗歌中的男子对它说什么,乌鸦的回答都只有一句——永不复焉。于是,男子明白自己已经失去所有,而陷入深深的悲伤与绝望之中。

爱伦·坡自己也曾经说过："如果是一只会说话的鸟,那么选择鹦鹉也无不可。但是乌鸦更具有意外性","它是不吉之鸟,所以最合适"。因为不吉利,所以被选中,作者对乌鸦还真是全无爱意啊。我也没有权力对作者加以指责,如果乌鸦在不喜处地狱中遇到作者,可以直接理论。

问题是乌鸦真的会说话吗?答案是真的会。如果是人工饲养,从小加以调教,很多乌鸦都能说"早上好""妈妈"之类的词。国外视频网站上还有不少博主教乌鸦说那句经典台词——Nevermore。

为什么鸟类可以说人类的语言,关于这一点还没有权威的解释。但是这种擅长模仿人类语言的鸟,一般具有较强的社会性,并且是群居。模仿能力有可能在某些时候至关重要,具体有哪些好处,我们还不得而知。

我还曾经看见过好几次乌鸦好像本能反应一样模仿听到的声音。我们固然可以简单地解释为有好奇心或天生聪明,但是为什么它们的好奇心会发挥在模仿这方面,而且还能几只凑在一起你一句我一句地好似交流,这还是一个谜。

有些鸟模仿其他声音是因为雄鸟要向雌鸟展示魅力。因为歌声越复杂,就越能吸引雌性。比如白腰文鸟,能够唱出复杂声音的雄鸟就能倍受欢迎。所谓的复杂,是由歌声要素的数量和组合方式决定的。和仅有A、B、C三种模式的歌声相比,如果能够唱出A、B、C、D、E五种模式,就可以凭借数量胜出。如果都只有A、B、C三种模式,那么相比于ABCABC这样的简单重复,ACBBCAC这样的排列就显得高级得多。

雌鸟之所以倾心于这样的雄鸟,是因为能够唱出如此复杂歌曲的雄鸟一定大脑机能良好,有时间也有余力学习,所以都属于优秀个体,雌鸟当然愿意和这样的雄鸟繁衍后代。

其实,鸟类还可以通过增加不可预测性来提升歌曲的难度。想要增加不可预测性,即意外性,最简单的方法之一就是在歌声中加入其他鸟类或其他事物的声音。听起来多么有道理。因为就算再怎么排列组合自家曲子,都不如唱两句别人的曲子更出乎意料。歌唱者的竞争对象都是同类的雄鸟,大家会的曲子基本都一样,无非是在处理上多花些心思。但是如果这时突然唱出其他鸟类的歌曲，绝对能曲惊四座。

在内卷的求偶市场，有一些雄鸟学会了模仿其他鸟类。比较出名的有生活在日本的黄眉姬鹟、乌灰鸫和牛头伯劳等。特别是牛头伯劳，在这方面极具天赋。它已经不满足于在自己的歌声中编织一些其他旋律，而是会突然直接用其他鸟的鸣叫声一展歌喉。牛头伯劳哪里是在处理歌声，分明就是模仿秀高手。一件事就能说明牛头伯劳有多厉害。有一次我听到很小的灌木丛中传出日本树莺的歌声，当我正在好奇这么小的植物中怎么会有日本树莺时，歌声又变成了日本山雀的风格。虽说也有可能小灌木丛里藏了两只鸟，但我还是觉得不可思议，因为日本山雀通常在较高的成排树木间活动。当我还在疑惑时，歌声又变成了莺啼。很快，只听见几声有节奏的"叽，叽，叽"，一只牛头伯劳从灌木丛中飞了出来。原来刚才都是这个小家伙在模仿别人。

过去有一种说法，认为牛头伯劳模仿其他鸟类的叫声是为了吸引对方，引诱捕食。这种说法与繁衍后代的动机完全不同。如果是真的，那么和人类的仿鸟鸣器有异曲同工之妙。早期的仿鸟鸣器是一种木质工具,通过调节推拉杆模仿鸟鸣,以此诱捕鸟类。

回到正题,想要会说话的鸟类在文学中出场,没有乌鸦该怎么办?

所谓的会说话的鸟,肯定还是鹦鹉科或鹩哥之类最合适。但是,这些鸟儿是不是有点过于可爱了呢?

鹦鹉

我也不是说乌鸦多丑恶,或是鹦鹉和鹩哥难当此重任。但是,设想一下在狂风呼啸的夜晚,一只鸟飞进来冷漠地一遍遍重复"永不复焉",这场景、这台词,似乎并不适合鹦鹉。鹦鹉的特性和这首诗并不匹配,它站在海盗船长的肩膀上还差不多。就算它扯着嗓子大叫,似乎也没有那么大威慑力。

鹩哥似乎也不大适合。首先就是个头比乌鸦小,这样就不够分量,冲击力也不大。加上鹩哥声线偏高亢,或许也能发出成年男性的低沉声音,但总是不如天生的更自然。因为它身材小巧,所以振动和共鸣的部位也小,声音自然容易偏高。

乌鸦并不是英俊的形象,不过在一般人看来,还是挺酷的。这主要来自人的刻板印象,会觉得一身黑色显酷。此外,结实的体形也增加了强壮的感觉。乌鸦不会像白鹭一样过于纤细,而且嘴部又大又硬。想象一下一只乌鸦站在敌人肩上的画面,再配上略带嘶哑的男中音:"杀了他。"这气场,就算是乌玛·瑟曼上场都未必能轻易拿下。

实际上,乌鸦的"说话"水平很高。特别是渡鸦这种体形较大的乌鸦,音域可以很低。鹩哥本来音域就偏高,相比之下渡鸦要低得多,这可能也是爱伦·坡选择乌鸦做代言人的原因吧。

如果真的需要找其他鸟类取代，恐怕个头大的鹦鹉更适合一些。鹦鹉智商很高，发音能力也很强。

鹦鹉和鹩哥这类善于模仿的鸟类有一个共同的特点，发音不仅依靠鸣管，还要使用较厚的舌头。多数鸟类发音时并不怎么使用口腔，虽然口型会影响最后发出的声音，但更多的时候口腔就相当于唱机的喇叭，通过产生共鸣将声音放大并传播出去，对于调整频率等精细工作没有太大用处。和人类的唇部相比，鸟喙坚硬，无法自如开合，也就无法控制声音。加之大部分鸟类舌头又窄又硬，也无法协助发声。

鹦鹉则不一样，它们可以巧妙地变化口腔形状调整频率。鹦鹉嘴部的活动极其精细，养过鹦鹉的人可能都知道，它们可以控制上喙一点点扭转开启，而不是一下子"张开嘴"。这是因为鹦鹉具有特殊的颅骨运动功能，而它的喙通过特殊关节与头骨相连，可以通过骨骼的弹性控制上下喙一张一合。虽然鸟类都具备颅骨运动功能，但鹦鹉极其特殊。

之所以鹦鹉的喙部开合动作形成现在的样子，也和它们的食物及进食方式有很大关联。和啮齿类用门齿切断食物一样，鹦鹉会用短小厚实的喙啃下果肉，并且利用弯曲的楔形喙固定较大的种子，然后垂直用力咬开外壳。虽然文鸟也喜欢吃带壳的食物，但鹦鹉的嘴和文鸟完全不同，是一种适合咬碎坚硬食物的嘴形。

乌鸦的嘴做不到这一点。如果食物不是恰好能一口吞下的大小，乌鸦就会叼着食物撕扯，或者一开始先啄碎。被乌鸦祸害过蔬菜的人对此应该都不陌生，乌鸦会扭下黄瓜扔到地上，用爪子固定住，然后一通乱啄，弄得满地狼藉。

这种方法也适用于个头很大的果实，缺点是为了保证啄食的力道，并且不浪费飞得到处都是的碎片，需要在地面进行。如果是枝头的果实，啄食的时候果子会晃来晃去，啄起来很难使上劲儿，好容易啄下来的果肉还都掉地上了。相比之下，站在树上啃果子的鹦鹉更适合吃树上的果实和种子。

不仅如此，乌鸦虽然咬合肌强劲，但是因为嘴很长，并不适合啃咬的动作。它们的嘴更适合叼东西，比如将骨头上的肉拽下来。打个比方说，乌鸦的嘴如果是刀叉，那鹦鹉的嘴就是胡桃夹子。

回到"发声"的话题上。鹦鹉善于发声，但是音色不够低沉。如果听过鹦鹉模仿声音，会发现它们其实可以发出很低的声音，但低音并不是鹦鹉天生的音域。如果用人的声音类比，鹦鹉的声音偏向于带有喜剧色彩的高音。所以如果要出演爱伦·坡的《乌鸦》，那就必须让它用低沉的声线"演绎"。

狂风之夜，是谁在敲打窗户？打开窗，风雨吹进来的同时，一只灰色羽毛的鹦鹉也飞了进来。它停在柜子上，向下打量着主人公，然后一只爪子勾住窗帘，嘴脚并用，噌噌噌爬到上面，然后对着一本精装书的书脊开啃，一直啃到书页散乱才停下来。接下来，它对着主人公说出一句：

"永不复焉。"

不行不行，怎么设想都会变成一幕喜剧，根本演不出乌鸦的沉重效果。

我其实还有一个隐藏候选者——华丽琴鸟。这种鸟生活在澳大利亚,属于地面生活的鸟类。华丽琴鸟弯弯的尾羽很长,展开后像一架美丽的竖琴,造型奇特。它的尾羽还可以伸向水平方向,而且只有雄鸟有长尾羽,因为这种华丽的装饰通常都是在求偶的过程中不断进化生成的。

华丽琴鸟还有一个绝招,那就是出众的模仿能力。它们最拿手的是模仿周围的声音与其他鸟类的鸣叫声。在人工饲养的条件下,它们还可以模仿人类活动制造的声音。比如汽车发动的声音、电动工具的声音,还有相机和掌上游戏机的声音等。年轻人可能不大熟悉胶卷相机的声音,但是在我看过的视频里,华丽琴鸟可以完美再现按动快门和连拍的声音。在游戏里,华丽琴鸟有可能偏爱射击类游戏,它能惟妙惟肖地模仿连续射击的电子音。

不过,我没有见过华丽琴鸟模仿人类说话的例子。即便有,想必也是极为少见。而且它们经常在地面活动,所以也不太可能从窗户飞进房间。再说,狂风大作的夜晚,人家漂亮的尾羽估计也要吹乱了。所以华丽琴鸟并不适合替代《乌鸦》中的鸟类形象。

结论

作为文学中乌鸦形象的代表,我认为诗歌《乌鸦》当之无愧。但是,想要找到另外一种鸟,兼具乌鸦的黑暗、才智超群、见多识广、灵巧、善谈等多种特质,实在太过困难。也许鹩哥可以通过进化接近乌鸦,但是目前看来,鹩哥还是更像谐星。如果没有乌鸦,我们也许会损失一个文学界中非常独特的形象。

如果乌鸦从娱乐生活中消失

★ 《精灵宝可梦》

首先来看看《精灵宝可梦》。如果没有乌鸦,那就没有黑暗鸦了,也就不会有进化而成的乌鸦头头。

对于这个角色,我其实是有些看法的。虽然黑夜和乌鸦有些关系,但是为什么要用"黑暗鸦"这个名字呢?难道就这样将乌鸦定位在黑暗的形象上吗?再说那个进化后的乌鸦头头,从生物学的角度看,乌鸦并非按照头目要求统一行动的物种,我觉得这样的命名方式让乌鸦看起来好像黑社会一样,非常冒犯。就算乌鸦是乌合之众,至少也是以自我为中心的类型。

宝可梦游戏中的所谓进化,和生物学上的进化完全不同。一个个体的外形在生活中发生变化,和幼虫变成成虫的过程相同,都是"变态发育"。变身英雄的鼻祖假面骑士的那个"变……身……",其实也是变态发育的一种。蛹超人到闪电人的变化过程相当于羽化,属于完全变态。变态假面则是带着假面的变态,色丞狂介其实可以大大方方地更名为"变态假面"。至于《超级恶魔人》,讲述了恶魔附体的故事,所以应该看作是拟态的一种。

★ 《鬼灭之刃》

在《鬼灭之刃》中,鎹鸦是相当重要的角色。每个鬼杀队队员都有一只鎹鸦,负责传递总部的命令。我记得主人公灶门炭治郎成为队员的时候,他的乌鸦嘴里还有一点点发红。如果我没有看错的话,说明它的年龄还不大。年轻队员配年轻鎹鸦,颇有一种共同成长的感觉。但是从台词风格看,这只鎹鸦颇为傲慢,动不动叫人家"小子",听起来像是身经百战的老前辈在指点新人。

为什么《鬼灭之刃》要选择乌鸦做信号兵呢?首先可能是因为在日本分布的鸟类中,乌鸦属于能模仿人类说话的常见鸟类。《鬼灭之刃》的时代背景设定在大正时代,彼时鹦鹉应该已经从国外进口到了日本,但鬼杀队的起源要比大正时代更早。即便在奈良时代就有会模仿人类的鸟类经由中国来到日本，那也属于极其珍贵的舶来品，不可能做到队员人手一只。

而且，乌鸦除了会模仿人说话，还能记住人的面容，所以能做到径直飞向灶门炭治郎，发出方位指令。这并不是说具备人脸识别能力的只有乌鸦，不过的确有研究可以证实乌鸦具备这种能力，而对其他鸟类并没有类似的研究。

还有一个重要的理由。乌鸦是太阳的象征，这一点在八咫乌的意象上体现得尤为明显。而鬼杀队的敌人是鬼，最怕阳光。所以让代表太阳的乌鸦为鬼杀队的队员传递指令，也具有象征意义。

如果没有乌鸦，对《鬼灭之刃》的影响还是比较大的。日本很难找到如此聪明的鸟，就算在生物界中有秃鹫填补空缺，但如果将它们安排到故事里，哪一种都飞起来动静不小，盯着人的眼神会让读者感到不自在，还不会说话。从各方面看，都更像是鬼的搭档。唯一能成为候选者的就是鹦鹉和鹩哥，前提是它们能够早早传入日本，并且分布到各地。如果真的有这种可能，日本可能很早就会出现信鹈或信鹦并为鬼杀队所用了。著名的非洲灰鹦鹉甚至被认为可以理解人类的语言并自主说话，所以可以假设送信的鹦鹉和鹈哥在遇到突发情况的时候也能应对自如。

如果只是为了传送指令，信鸽似乎也可以派上用场。通常信鸽传书都是人将信装入细管中，绑在信鸽腿上。不过，信鸽无法表达自己的所见所闻。所以，当猗窝座杀死炼狱杏寿郎时，它应该也无法飞去汇报这个悲伤的消息。

信鸽的形象还比较偏向官方。在古代欧洲，修道院之间的信息传递或军事情报的传递都依靠信鸽。直到第一次世界大战前后，军队中还备有专门为打下敌军信鸽而准备的鸟枪，或是放飞苍隼以驱赶信鸽。所以，信鸽还是更适合在正式的历史舞台，即正史中出场。

★ 《美少女战士》

《美少女战士》中也有乌鸦。水手火星，也就是火野丽就率领着两只乌鸦——柯波斯和迪摩斯。原本的创意应该来自北欧主神奥丁肩头的两只乌鸦——福金和雾尼，因为适用于水手火星，所以用火星的两颗卫星命名，实在很妙。加上火野丽出生在神社之家，让乌鸦陪伴左右也算借用到一点日本神话的色彩。

如果没有乌鸦，和神话贴合度如此之高的火野丽就要做出调整了。在日本，谁会是代表太阳的神鸟呢？

在日本神话中，除了乌鸦以外，还有一种传说中的金鸱。根据神武东征的神话，一只金色灵鸱停在神武天皇弓上，其耀眼光芒更胜过日光，令敌军士卒目眩，无法再战。光和火并不完全一致，不过这并不是重点。关键是金鸱的原型是鹃鹰，身长约70厘米，翼展超过160厘米，体重大约1.5千克。对于初中女生而言，金鸱未免有些大了。至于鹤鸰，虽然也出现在神话之中，但是其战斗力堪忧，还无法传递音信，所以也不适合。

此外还有野鸡，但是不太吉利。上天派遣天忍穗耳命取代国津神统治地上（其实是高天原的天津神决定的）。在此之前，天菩卑能命被派往大国主神处进行斡旋，希望他让出国家。用现代话说，就是告诉他"我家少主即将降临，别啰里啰唆了，赶紧把地盘让给天津神"。没想到，这一去就是3年，根本不见回来。于是，上天又派出天若日子，没想到这位神来了就拜倒在大国主神女儿下照姬的石榴裙下，闪电结婚，来了8年乐不思蜀。无奈之下，又派出鸣女变成野鸡前去一探究竟，没想到天若日子受左右人唆使，竟然搭弓射箭杀了这只野鸡。而且这支箭贯穿野鸡飞上天际，直接让天照大神见到了。果然是大神，一眼认出是天若日子的箭，从而心生怀疑。他拿着箭念了一个咒语："若这厮存了狼子野心，必让此箭射中。"天照大神将箭扔下，结果当然是夺了天若日子的命。说到这里，应该明白为什么我要说野鸡不吉利了。因为在日本神话里，它的命运是刚一上场就被射杀。更何况这就涉及天地之争，《美少女战士》中身为地球王子的地场卫会处于比较尴尬的位置。

这样一来，好像就剩下鸡了。神社里倒是也有鸡的形象，但是如果画成漫画会是什么效果呢？如果是《爱心动物医生》里那只叫大冠的公鸡，火野丽可能成为最厉害的美少女战士。因为大冠是整个作品中最厉害的角色，无人能敌。要是有大冠加持，火野丽不需要火星力量变身也能轻而易举粉碎黑暗王国，完全不用学会"燃烧的曼陀罗"，也不需要地场卫上场。

试想一下，鹦鹉蹲在火野丽肩头也不错，就是有点像海盗船长。除非在没有乌鸦的世界里，鹦鹉也不再是和海盗绑定的形象。我并不讨厌《割喉岛》[1]和《加勒比海盗》这样的故事，只是觉得和美少女战士的形象不符。

★ 《杜利特医生航海记》

提到大型鹩哥和鹦鹉的战斗力，绝对不应该忽视它们强有力的嘴，我保证你绝对不希望被这些鸟啄到。在《杜利特医生航海记》中，当医生在蜘蛛猴之岛与当地土著恶战时，一支巴西飞来的鹦鹉大军前来助阵，专啄土著的耳垂，啄得敌人抱头逃窜，战斗力惊人。后来，土

---

1 制作费1亿美元，票房收入1000万美元，血亏9000万美元，创下影视票房最赔钱的记录。但是内容其实并非一无是处。之所以亏损如此严重，主要原因是不计后果地付出了高昂制作费。影片没有使用特效，全部搭建真实街景，打造海盗船，并全部炸掉。

著人甚至将残破的耳垂视为勇士的象征。

在《杜利特医生航海记》系列中,乌鸦也曾登场。《杜利特医生和神秘之湖》这个故事很像《圣经》中大洪水与挪亚方舟的番外篇,里面出现了大乌鸦。故事中除了挪亚一族以外,还有两个名为加莎和埃伯的少男少女,也在大洪水中死里逃生,后来成为人类的祖先。他们的国家被残暴的马什图国王占领,他们两人被当作奴隶驱使。

当大洪水来临时,挪亚接走了动物们,但拒绝让这两个年轻人上船。最终救下两人性命的是大乌龟泥巴脸和它的妻子,还有对纷争不断的方舟感到厌烦而飞走的大乌鸦。[1]和《圣经》里派出探路却一去不复返的乌鸦不同,这个故事里的乌鸦是自己选择飞离挪亚方舟的。

---

1 作者休·洛夫廷是保守派,据说对《圣经》中有关神选之地和民族的内容并不十分赞同。在他的笔下,挪亚等人十分世俗,非常教条主义,之后盲目遵从神的旨意,缺少智慧。有研究者认为,关于残暴的马什图国王的情节,可能折射出时代背景,意在批判纳粹德国。加莎和埃伯及其子孙后代生活在新的大陆上,差点和"东洋人"发起战争,也可能是暗指日本和美国之间的战争。

大乌鸦运用自己的聪明才智参与营救加莎和埃伯,并指引他们横渡大西洋前往新天地。读者都会佩服洛夫廷的巧思。

如果没有这只大乌鸦,这个针对《圣经》故事的桥段也就没有了讽刺的对象。如前所述,没有乌鸦,《圣经》里很可能出现游隼。不过和乌鸦的形象还是略有不同,因为乌鸦更偏向于"靠脑力而非靠体力解决问题"。所以,在这个故事里可能以鹦鹉代替乌鸦更合理。

★ 《机动警察》大电影

动漫中出现乌鸦的还有《机动警察》大电影。帆场瑛一郎饲养的乌鸦塑造得很好,但实际上是不合理的。渡鸦本身并没有什么特殊的含义,在耶和华、方舟、巴别塔等一系列与基督教相关的意向中,设计一只带有反基督教色彩的渡鸦是否真的有必要(帆场明确表示过自己对宗教的反感:"我无法接受上帝安排我来到这个无聊的世界。")?在这部动漫电影中出现的乌鸦,恰好就是《圣经》中从挪亚方舟放出去执行任务的那一只。不过，和《圣经》故事不同的是，乌鸦返回了方舟。不过，它带回来的并不是橄榄枝，而是跃入海中消失的帆场的ID标签。具有讽刺意味的是，在这里帆场的生死并不重要，似乎只要在系统上证明此人在此地就可以了。总之，作者的本意就是要嘲笑那些一路追踪帆场的人最后扑了个空。如果没有乌鸦，参照《圣经》里的其他可能性换成游隼，画面会带几分鹰猎风格，反而不容易凸显出帆场游走于法律边缘的形象。

在电影一开始，帆场抚摸渡鸦的头时，它歪着脖子闭着眼，非常享受。这一点其实很符合鸟的习性，而且充分显示了鸟对主人的信任。然而，我最近再回过头看这个场景，会发现有一点不妥之处。渡鸦闭眼时，是上眼睑向下的动作，但是鸟类应该是自下向上合上眼睛。除了这一点，电影里连鼻须都画得很清晰，是相当出色的渡鸦形象。

★ 《猫的报恩》

在吉卜力工作室的作品《猫的报恩》中，有一只名叫托托的乌鸦。准确地说，剧中对它的介绍是："这是托托，一个有灵魂的石像。"虽然从来没有一句话表明它是乌鸦的身份，但是一眼看去，分明就是到处可见的大嘴乌鸦。台词中"找来好吃的桑葚"等内容，也从侧面证明了它是乌鸦（乌鸦不仅会吃桑葚，还会将其储藏起来）。在最后一幕中，托托召集了很多伙伴，搭出"鸦梯"，帮助托住从天上落下的小春，不得不说是故事中的一个英雄。我实在太喜欢这个角色了，甚至在影院观影后买了托托的布偶。但如果故事中没有乌鸦呢？

影片作者是柊葵，在原作中，托托的角色是一只喜鹊。雀形目鸦科鹊属，也算是没有差出很多。电影完全可以尊重原著将托托设定为喜鹊。只是一些情节会进行调整，比如爱斗嘴的胖胖猫就不会说托托"大半夜黑成一团，根本看不见"。喜鹊的颜色黑白相间，不会像乌鸦一样"黑如夜色"。而最后一个场景似乎也很难实现，因为想要在日本召集这么多喜鹊是一件困难的事情，如果是在九州的部分地区或许可以。喜鹊主要栖息在以佐贺县为中心的九州地区，熊本县和福冈县有少量分布。此外还有北海道地区的苫小牧和室兰一带。[1]

喜鹊

1 喜鹊是在欧亚大陆广泛分布的鸟类，不知为何在日本很少见。相传九州地区的喜鹊是丰臣秀吉攻打朝鲜的时候带回来的，是否属实不得而知。从基因研究可知，九州一带的喜鹊和中国大陆的有少许不同，由此可以判断它们应该是从很早以前就已经生活在日本。只是分布地域极其狭窄，也没有出土过喜鹊化石，所以推测是人为带回的物种似乎也不无道理。

还有一个有意思的事情，喜鹊是会乘船旅行的鸟类。有些喜鹊落在船上，受到船员的喜爱，会搭着顺风船前往下一个港口。北海道地区的喜鹊从基因看和俄罗斯地区的几乎完全一样，因此被认为是不久以前从俄罗斯搭船而来的"乘客"。

通过对构成生物体的碳氢同位素进行分析，发现北海道的喜鹊食用了很多宠物食品，说明这些食饵对于喜鹊定居在此起到很大的推动作用。反过来说，如果不是因为有这样的食物，外来喜鹊即便来到这个地区，也很难生存并繁衍生息。

在日本海一带，有过多例看到喜鹊的报道，所以我们也不能排除喜鹊自远方飞来的可能。但无论是飞来还是乘船而来，如果没有合适的食物，它们大概率会在被人们发现之前消失。

如果这个电影推出韩国版,那么用喜鹊的形象就完全没有问题了。喜鹊在韩国不仅数量很多,而且深受喜爱,建议相关公司考虑一下翻拍。

卡拉卡拉鹰也可以胜任托托一角。托托平时是立在广场上的一个石像,卡拉卡拉鹰的站姿也堪称完美,羽毛迎风抖动,风姿绰约。电影中有一幕,描绘了主人公小春被其他猫掳走时托托拼命追踪的场景。如果换作是隼科的卡拉卡拉鹰,它具备相当出色的空中捕食能力,相信能做出比乌鸦危险系数更高的动作。当然,卡拉卡拉鹰带来的下午茶点心可能就不是桑葚,而是某个小动物的死尸了。那么也轮不到小春动手,估计瞬间就能被猫咪们分食。

总之,如果换作卡拉卡拉鹰,会比乌鸦托托的性能更高。如果让它追击,估计直接就把小春解救出来了,也就不会出现后面在猫王国与猫侍女小雪的重逢,不会发现胖胖的身世,更不需要猫男爵施以援手。从故事性看,还是没有那么一帆风顺更有意思。

★ 《乌鸦面包店》系列绘本

提到乌鸦，还不得不说一下《乌鸦面包店》系列绘本。当然，绘本主人公是不是乌鸦，故事都能成立。故事里乌鸦夫妇因为子女众多而产生的烦恼，以及它们的能干，都和乌鸦的身份很相符。这样温馨的故事，主角换作秃鹫就有点不适合绘本风格了。鹦鹉倒是也可以，但是就少了几分"乌鸦"和"面包店"组合带来的意外感觉。

当然，因为是绘本，书中的乌鸦和现实中的乌鸦行动是否相符、会不会说话，其实都不重要。换作是麻雀也并无不可。所以，虽然乌鸦做主角很有戏剧效果，但是应该也可以替换成其他鸟儿。

不过我想从鸟类学的角度补充一点，这套绘本中乌鸦的嘴是黄色的。[1]黄嘴山鸦才是黄嘴巴，但它根本都

---

1 虽然前文应该提及，但我还是想要再明确一下。很多乌鸦的插图和绘本都一致将嘴部画成黄色，这一点实在无法苟同。乌鸦的嘴是黑色，带着哑光的金属光泽。至于为什么画家笔下的乌鸦是黄嘴巴，可能是因为在迪士尼动画片《小飞象》中是这样的形象，而迪士尼的影响力太大的缘故。

不是鸦属，更何况故事发生的地点还是在阿尔卑斯山一带。

再来看看乌鸦家的小朋友，它们最大的特点就是白脸。符合这一特点的乌鸦应该是欧洲的秃鼻乌鸦，或新几内亚岛上的灰乌鸦。秃鼻乌鸦的体形应该比《鬼灭之刃》里的鎹鸦大得多，而且只有成年个体面部没有羽毛。至于灰乌鸦，幼鸟期羽毛为褐色，成年后变成灰色。

请原谅我这个鸟类学研究者总是揪住细节不放，其实看动画作品完全不必过度解读。

★ 《偏偏变成了乌鸦》

乌鸦还出现在转世穿越的情节中。

转世投胎，似乎能想到的可能性都被用光了：史莱姆、勇士、魔王大人、慢生活、弱小领主、我推的孩子，甚至是田野、温泉这样的无机物。如果转生为乌鸦会怎样呢？

既然是故事，那么就没有合不合理的问题。我记得20多年前看过一部漫画，大意是讲父亲去世后化作乌鸦，继续守护家人。可惜已经想不起来是什么名字了。

最近有一部名为《偏偏变成了乌鸦》的韩国漫画，讲述了主人公转生为乌鸦后遭人讨厌的故事。我比较好奇的是韩国几乎没有乌鸦，为什么会有这样的作品。

★ 《晚安乌鸦，欢迎再来》

乌鸦还出现在育江绫的漫画系列《晚安乌鸦，欢迎再来》。因为一个意想不到的契机，废柴主人公继承了一个酒吧，而乌鸦反复登场，好像旧时店主的亡灵。因为是魂魄，所以这里的乌鸦是白色的。而且，对于一个酒吧的店主而言，鸽子和麻雀等鸟类过于老实平凡，而猫头鹰之类的飞越街道又过于扎眼。从这个角度看，乌鸦的确是一个很好的选择。它有着说不清道不明的神秘气质，带着些许灵异的感觉，出现在闹市街头也不觉得奇怪。故事发生的地点在札幌，那里乌鸦很多，与人的距离也很近。如果有其他城市常见的体形中等或较大的鸟，兼有一点又酷又吓人的感觉，也可以取代这里的乌鸦。也就是能够取代乌鸦江湖地位的鸟类都可以成为备选，而且，从老店主的样貌看,其实更像猫头鹰。

★ 《熊和乌鸦》《永动机北长尾山雀》

《熊和乌鸦》(帆,文艺春秋)是一个有点好笑但实则沉重的感人故事。还有《永动机北长尾山雀》(青春,KADOKAWA),本以为属于简单的可爱路线,追到后面却让读者流泪动容。这两部作品里都有乌鸦,但也都可以替换成与乌鸦作用类似、行为相近的鸟,鹦鹉或卡拉卡拉鹰都没问题。不过,在《熊和乌鸦》中,乌鸦是比较重要的线索,如果换作其他鸟类,需要改动的地方可能会比较多。说得太多可能造成剧透,影响读者追更,我对这个漫画只有一点意见,那就是"为什么小嘴乌鸦会出现在山中"[1]。如果这仅仅是为了让它有机会成为熊的救命恩人,那我也就无话可说了。

---

1 作者在社交媒体上表示"选择小嘴乌鸦为原型"。

★ 《乌鸦课长大人》

描述乌鸦和人情未了的漫画有《乌鸦课长大人》和《乌鸦老公大人》（Chidoriashi，East Press）。这里的乌鸦必须是神鸟，如果要替换也要选择其他神话中出现的鸟类，或者改写神话。这里面的霸道课长就会变成鸢、鸡或者鹦鹉吧。

★ 《深夜食堂》

最后聊一聊《深夜食堂》。

我一再强调乌鸦是"黎明的鸟"，因此，深夜出现乌鸦的作品就格外引起我的关注。不久前看了《深夜食堂》的电视剧版，刚一开始就出现了一个从弯月前飞过的影子。我猜想在如此深夜，大概会是蝙蝠。但是按下暂停键确认后，却发现是乌鸦。而且从头部和嘴部的剪影来看，比较像是大嘴乌鸦。

《深夜食堂》的背景是东京的新宿，大嘴乌鸦的确最符合这个设定。乌鸦并非不能夜间活动，实际上，森下和樋口等人的研究[1]表明，还有些乌鸦会在夜间移动到其他巢穴。当然，我也不止一次看到过某些乌鸦"夜闯民宅"惊到原住户，又气又惊地飞出巢穴在夜空"啊，啊"大叫。虽然并不是经常遇到，但说明了乌鸦并非夜间就蛰伏不动。不过，由于它们的夜视能力有限，可能无法做到夜间做所有事情都行动自如。即便辛勤地在夜间出门，也很难找到食物，如果再遇到夜行哺乳动物，就更是得不偿失了。因此，夜间行动除了消耗热量、徒增饥饿感以外，真的意义不大。索性好好休息，在能够发挥自身本领的时间段有精力行动。

有意思的是，城市灯红酒绿，夜间照明无处不在，而乌鸦依然能保持夜间休息的好习惯。曾经有人提出假设，认为"住在城市的乌鸦很快就要进化成夜行鸟类，24小时不舍昼夜地在垃圾中掘宝"。不过，直到现在还没有观测到这样的个体。乌鸦已经充分适应了城市生活，却

---

[1] E. Morishita et al, 2003, Movements of Crows in Urban Areas, Based on PHS Tracking. *Global Environmental Research*, 7(2): 181–191.

依然保留着"太阳鸟"的行为模式,不为所动。

有的鸟类就会利用人工照明,燕子经常利用车站和街灯的光在日落后捕食。灯光会吸引昆虫,燕子可以捕食的时间也就相应地得以延长(当然,不排除过于勤劳导致体力下降。面对丰富的"食材",乡下燕子可能只需要借助天光觅食,而城里燕子就要借助街灯的光线延长工作时间。这两种生活方式很难拿出来进行比较)。日本鹰鸮有时也会停在电线杆上,守株待虫,等着被灯光吸引的大型昆虫送上门来。

回到《深夜食堂》的那个画面,乌鸦掠过夜空的场景也有出现的可能。特别是这个画面再配上旁白,氛围立刻拉满:"一日将尽,路人行色匆匆,走在回家的路上。但总有一些夜晚,让人觉得差了点什么,想要在某处稍做停留。"

如果没有乌鸦,该由谁负责完成飞掠夜空的任务呢?我率先想到的是夜鹭。夜鹭基本在夜间活动,非常适合出演一边哑嗓鸣叫一边飞过夜空的角色。在日本,夜鹭甚至有"夜乌"这样的别称。

夜鹭

可能有人会担心新宿地区是否有夜鹭出没。我曾经在新宿站附近看到过酷似夜鹭的鸟。2020年,有一条新闻说在新宿东口飞来一只栗头鳽。2020年和2021年,我也连续在东口广场看到过东方大苇莺(而且还站在枝头鸣叫)。不过,我感觉夜鹭还是更容易在水源附近出没,如果是新宿地区的话,出现在新宿御苑的可能性更大。

深夜食堂大多在花园神社一带,距离御苑不过几百米,夜鹭可以轻松飞过去。电视剧如果想要营造一丝寂寞的感觉，可能并不会启用本就是夜行活动的夜鹭。反倒是按理说应该归巢的乌鸦，就像本该回家却要在街头游荡的路人一样，多少有共通之处。

结论

只要有鸟类具备乌鸦的作用，这些作品中的乌鸦角色都可以被替换，换作夜鹭也完全不会觉得突兀。但是，一旦作品中的乌鸦带着"神鸟"的色彩，选择替代者就比较困难了。

在我看来，"分布在世界各地"和"杂食性"是乌鸦最主要的特征。所以，杂食性的鹦鹉兼容性很强，可以较好地胜任乌鸦的角色。不过，日暮时分乌鸦的寂寥底色，恐怕很难有其他的鸟可以演绎到位。

如果乌鸦从名字中消失

★ 如果乌鸦从鸟的名字中消失

设想一下没有乌鸦,一大家子成员都叫某某鸦。

有意思的是,世界上真的有一些鸟的名字叫某某乌或某某鸦,却并非乌鸦一族。比如褐河乌,其实就是雀形目河乌科的鸟类,和乌鸦全然不同。大概率是因为生活在溪流附近,羽毛颜色又接近乌鸦的黑色,所以就被起了这么一个名字。准确地说,它们的羽毛颜色也不一样。褐河乌的羽毛与其说是黑色,不如说是深褐色,而且毫无光泽,并不像乌鸦那般又黑又亮。

如果世界上没有乌鸦,褐河乌的命名原因也就站不住脚了。[1]

---

1 原文中,褐河乌的日语为"カワガラス",直译为"河乌鸦"。——编者注

在调查褐河乌名字的过程中，我发现有些地方将其唤作"河鹪鹩"，顾名思义，就是生活在河流附近的鹪鹩。说实话，这两种鸟类的确是近亲，短小的尾羽和挺立的站姿也很相似。不同的是，鹪鹩主要生活在狭窄的山谷，在它的名字上硬加个"河"字多少有些奇怪。相比之下，褐河乌的另一个别名——"水潜"就合理得多。因为褐河乌会飞身潜入溪流，在河底行走，捕食水生昆虫，如果将它唤作"河潜"就最贴切不过了。日本岩鹨在日本的名称是"芦潜"，日语发音与"河潜"非常接近，从避免混淆的角度可能叫"水潜"更合适一些。

还有一种鸟类叫星鸦。生物上名字中带"星"字的，一般个体都会带有白色斑点。星鸦也一样，在黑褐色的羽毛上有白色纵纹和斑点。它们生活在高山地区，过去在日

星鸦

本并未发现其鸟巢和鸟蛋，直到1956年时日本研究者清棲幸保在铁杉的树枝上发现了鸟巢。

星鸦属于鸦科，但不是鸦属，还算是和乌鸦沾亲带故。如果乌鸦从这个世界消失，也就是说鸦属将不会存在。星鸦虽然存在，但应该不叫这个名字。根据《野鸟辞典》（清棲幸保，东京堂）记载，星鸦的别名很多，如深山鸦、小鸦、白鸦、斑鸦、山鸦、鹰鸦、芝麻鸦、朝鲜鸦等，俨然某某鸦大集合。其中的深山鸦、小鸦和朝鲜鸦等名称很容易让人和其他种群混淆（这些名字很多也是因为当地人说得不准确，或是听的人听得不准确）。

此外，黄嘴山鸦和红嘴山鸦该叫什么名字呢？这两种鸟类生活在欧洲到喜马拉雅山脉一带，同为鸦科，嘴部一个是黄色，一个是红色。除了身体较小外，和乌鸦非常相似。而且不仅外形像，性格和行为也很相像。或者可以借用英语中的Chough（山鸦），或者起一个新名字，比如阿尔卑斯鸦、深山黑鸟或岩黑鸟。日语的鸟名中颇有几个带"深山"二字，如果"深山"可以，那么"山上"也可以。当然，在日语中"深山"还带有异域的、未知世界的意思。如果叫作岩黑鸟，就能让人联想到同样在高山地区栖息的领岩鹨。其实叫作阿尔卑斯黑鸟或喜马拉雅黑鸟也并无不可。但是因为它们的分布从欧洲跨越到阿尔卑斯山，所以只说一个地名会带有局限性。如果从生活在高山的特点出发，也可以叫高山黑鸟，但是又像枯燥的情况说明。阿尔卑斯其实也代表了高山的含义，相比之下，叫阿尔卑斯黑鸟更好一些。或者干脆再高点儿，取直入云霄的含义，叫天空黑鸟。

日本人对外国鸟类命名时其实较少使用日本词汇，所以在思考相关名称的时候倒也不需要执着于汉字。英语中有不少对外国鸟类的名称沿用其本来的名字，甚至直接用学名，日本在这方面更是习惯于使用外来语名称。黑田长礼编撰《鸟类原色大图解》时，在已知鸟类的名字旁边都标注了日语名称。多亏了这一举动，可以让我们用日语提及外国的鸟类。比如当我们说笑翠鸟的时候，无须使用Laughing kookaburras这样生僻的表达。

比较难找到合适名字的是崖海鸦。

崖海鸦头部和背部羽毛为黑色，腹部为白色，一直不明白它为什么和乌鸦有关。我能想到的理由就是当它低飞时，从船上或陆地上看可能黑色部分更明显；或者是浮在海面时，背部的黑色更加突出。

如果世界上没有乌鸦，崖海鸦的名字也就不存在了。崖海鸦和厚嘴崖海鸦该叫什么名字呢？特别是厚嘴崖海鸦，感觉就像有意要和乌鸦攀亲道故。崖海鸦可以发出咕噜噜的叫声，有的地方将它叫作咕噜噜鸟，不过我还想找一个更靠谱的名字。

崖海鸦一系里曾经有一种鸟类经历过更名改姓的历史。

曾几何时，北大西洋地区有一种叫作大海雀的鸟类，身长约80厘米，体重约6千克，属于巨型海鸟。但是因为翅膀很小，无法飞翔，脚在身体后面，呈直立姿势行走。它的英文名字是Great Auk，但在土著语中被叫作Pen-Gwyn，即企鹅的意思。

是的，你没有看错，是企鹅。企鹅这个名字最早指的就是大海雀。

然而，在1844年时，大海雀灭绝了。[1]从那一刻开始，

1　这是一个令人心情沉重的故事，但是我们不能故意回避。（转下页）

大海雀

（接上页）

　　首先，因为人们想要获得大海雀的羽毛，所以将其肆意捕杀至灭绝。在陆地上没有动物捕食大海雀，和其他在极少数地区生活的鸟类一样，它们行动迟缓，毫无戒备心，极容易被捕获。大海雀最后生活的地方是位于冰岛的无人岛。但是这个小岛火山爆发，栖息地遭到破坏。好容易死里逃生的一群大海雀栖身到了一个更小的岛屿上，在礁石上生活，种群数量仅有50只左右。

　　几十只鸟已经无法形成产业，但是由于过于稀有，又有很多研究机构和博物馆希望得到大海雀的标本。有买卖就有伤害，只要捕捉到就能卖出好价钱，所以捕猎者丝毫没有停下罪恶的步伐。1844年，世界上最后一对大海雀也被猎杀，据说当时一只被扑杀，一只被扼杀，鸟巢里的鸟蛋也被打碎。如今，全世界有大约80个大海雀标本，其中不少标本都是在知道它们即将灭绝时制作的，也就是为了"保存"而加速了其灭绝的速度。作为博物馆从业人员，永远不应该忘记这一段历史。

"企鹅"成了一个空有其名而没有对应实体的鸟。后来，欧洲探险家在南半球发现了与"企鹅"形态极其相似的鸟类，翅膀短小、直立步行，无法飞翔，但在海中游泳的姿势像在天空滑翔一样。于是，探险家将其称作"南企鹅"。因为大海雀已经灭绝，前缀的"南"字也没有添加的必要，于是这种鸟类就取代了大海雀的位置，成为新一代企鹅。

也就是说，我们现在看到的企鹅，其实是"顶替"了大海雀的名字。

既然有这样一段历史，那么崖海鸦一系似乎可以直接参考"企鹅"的名字重新命名。比如，生活在日本的崖海鸦体形小巧，也许可以取名为"小企鹅"。哦，对不起，还真不行。因为刀嘴海雀在法语中的名字是petit pingouin，也就是小企鹅的意思。那么，或许可以将法语中的刀嘴海雀直译为小企鹅，然后将小巧的崖海鸦取名为东方小企鹅、小嘴小企鹅。

紧接着又有一个问题，居住在南半球的企鹅，即现代人认识的企鹅又该如何命名呢？

幸运的是，这些鸟类还有其他的名字。比如，在法语中企鹅写作manchot。这个词的语源来自拉丁语的mancus，即"手脚有残障"之意。可能因为企鹅不能飞翔，走起路来也有点儿蹒跚。虽然这个词在法语里面并没有歧视的含义，但是我还是担心这个命名是否会让人觉得不愉快。

很多人可能不知道，在日语中也有表示"企鹅"的词语，写作"人鸟"。这是因为企鹅直立行走的样子和人类很像。那么在日语中继续沿用"人鸟"这个名字也是个不错的选择。南极企鹅可以相应更名为"阿德利人鸟"和"帝人鸟"，还有无比勇敢的岩企鹅。

在中文里，企鹅也是一个非常形象的词汇。企，指抬起脚跟站立，鹅自然是指它是类似鹅的鸟类。所以，企鹅一词生动勾画出一种踮脚站立的水鸟形象。既然日本曾经借用中文词汇，将画眉命名为画眉鸟，那也可以将企鹅命名为企鹅鸟。

我有一个朋友一直用可爱的方式将企鹅叫作"企呢呢"，但是我觉得"可爱"是命名时放在次位考虑的理由。

值得一提的是,名字里带"海"字的鸟很多,绝非崖海鸦一种,还有诸如海鸥、海鸽、海鹦等很多鸟类。海鸥中的黑尾鸥在日语里写作"海猫"二字,主要是因为它的叫声酷似猫叫而得名。

海鸽的名字由来有点让人困惑。的确,海鸽头部很小,嘴比较尖,有一点像鸽子,却也实在没有像到以此命名的程度。看起来好像翻译得非常随意,仅仅因为体形比乌鸦小,就被匆匆地扣上了"鸽"字。但是,如果认真分析命名,就会发现这个译名其实经过了深思熟虑。海鸽的学名是 *Cepphus columba*,*Cepphus* 代表了海雀科鸥属,语源是希腊语,源自亚里士多德记录海鸟的文字,*columba* 在拉丁语中含义是鸽子。所以,海鸽的学名就证明了它和鸽子的关系。再看它的英文名 Pigeon Guillemet,直接翻译就是鸽子·崖海鸦,所以还是现在翻译成海鸽更不容易引起误会。

这种海鸟通常会在海边的悬崖上栖息,即便是休息,也会停在外敌很难侵入的峭壁之上,而且总是集体行动。如果有什么风吹草动,海鸽会成群起飞,这一点和鸽子倒的确很像。

至于白腹海雀，它们有着圆乎乎的脑袋和三角形的大嘴，外形上与鹦鹉的确很像，但也不必非要在名字里带出。[1]首先，这种鸟类分布在北太平洋，和鹦鹉的分布区域并无相同之处。和红腹灰雀、锡嘴雀等雀科小鸟的共性更多，倒不如叫作"金翅海雀"。然而，海鹦的命名也有英文名来保驾护航。Parakeet Auklet，意思是像鹦鹉一样的海鸦。看来还是应该尊重这个译名，免得出现不必要的误会。

顺便说一下，黑尾鸥的英文名是Black-tailed Gull（黑尾巴的海鸥），也是解释得相当到位了。

诚然，如果物种名称在某种程度对其进行了说明，会比较方便与物种外形特征联系起来，更容易被记住。斑鸫的近亲白腹鸫和赤腹鸫无论是外形还是习性都如出一辙，腹部白色的就是白腹鸫，红色的就是赤腹鸫，一目了然。比较容易产生误解的是大斑啄木鸟，特别是它的别名为赤鴷，而整体看起来似乎也没有那么多红色。大斑

1　白腹海雀的日文名为"ウミオウム"，即"海鹦鹉"的意思。——编者注

啄木鸟的羽毛以黑白两色为主，野生个体枕部和尾羽部的红色在环境色中分外显眼，这可能是它被称作赤鸢的原因。

渡鸦的名字也有一点欺骗性。因为是候鸟，所以得名渡鸦，这倒也不难理解。但是乌鸦中有迁徙行为的并非只有渡鸦，分布在日本的乌鸦里就有秃鼻乌鸦和达乌里寒鸦等。一部分大嘴乌鸦和小嘴乌鸦也会跨越海峡迁徙。在冲绳，小嘴乌鸦属于越冬鸟类，它们肯定来自北方。而在北海道，人们也目睹过大嘴乌鸦春天时向着大海飞去的景象，所以有些个体可能是会跨海飞行的。

因此，每当有人和我说："渡鸦就是会迁徙的乌鸦吧，原来乌鸦中也有候鸟啊。"我都会忍不住要以"你说得没错，但是……"开场，然后解释五分钟。

而且，渡鸦是分布地域极广的鸟类，从欧亚大陆，到北非的部分地区，再到北美洲，都有渡鸦栖息繁衍。在如此广泛的区域内，明确可知的迁徙群体并不算多。日本碰巧是迁徙群体生活的区域，因此叫渡鸦也算名副其实。从全球范围来看，配得上这个名字的其实是少数。

如果想要避免这样的混乱，其实可以将渡鸦改名为大鸦,那么诗歌《乌鸦》的日译本就没有必要再加上注释:大鸦,即渡鸦。

话说回来,对于这样一种可以长距离飞行,且行踪捉摸不定的鸟,渡鸦这个名字非常符合它的气质,有一种漂泊的文艺感。

此外,还有不少叫鸦某某或乌某某的动物。

这类名字基本都是为了表现黑色,感觉将"鸦"换成"黑"也可以。比如日本四线锦蛇,在日语中写作"鸦蛇"。

还有黑林鸽,在日语中写作"乌鸠"。这种鸟不仅羽毛乌黑,而且和乌鸦一样非常有光泽。本章要讨论的问题是"假如没有乌鸦,也就不会有乌鸦相关的鸟类名称"。如果鸽子进化成肉食性鸟类,取代乌鸦在生物界的地位,体形大、毛色黑,既像鸽子又像乌鸦,不正是这种"乌鸠"吗?

★ 如果乌鸦从人的名字中消失

下面这一段可能纯属娱乐了。让我们看看如果乌鸦从人的名字中消失会是什么情况。

《海边的卡夫卡》的主人公是卡夫卡，这个名字在捷克语里是寒鸦的意思。还好，他在书中并非乌鸦，所以不会消失。

身为歌手和演员的宍户佑名艺名是宍户卡夫卡，据说这是因为她总穿黑色的衣服，所以被编剧渡边润平起了这么一个名字。不过，我们之前也说过，寒鸦不是鸦属，不用担心。也许寒鸦这个词会消失，但是卡夫卡一词不会。

黑林鸽　　　　　　　**寒鸦**

说到寒鸦含义的卡夫卡，《变形记》作者、捷克小说家弗兰茨·卡夫卡的拼写略有不同。表示寒鸦的是kavka，而小说家的名字是Kafka。我曾经听捷克的朋友说过，小说家卡夫卡的确喜欢乌鸦，不过卡夫卡也的确是他的真名，并非是因为喜欢乌鸦而选择作为笔名。

还有一个和乌鸦相关的人物，就是漫画《暗杀教室》中的乌间惟臣。此人为何名字中带"乌"字不得而知，其下属的名字里也都有鸟类名称，比如鹤田博和、园川雀、鹈饲健一。如果想要突出他们来自精锐部队，那就应该都使用猛禽的名字。[1] 上述几位人物平时都比较低调，做的也都是一些沟通的事情。

下面这个名字按道理不是人名，但是因为有拟人化的成分，所以姑且放到这里，那就是刀剑中的"小乌丸"（"丸"在日本古语中常用于人名）。小乌丸是御用名刀，传说是一只乌鸦将其叼来，送至恒武天皇手中。所以，这个故事大约就发生在奈良时代（710—794）末期，最晚是平安时代（794—1192）初期。

流传至今的小乌丸是否为传说中的名刀，这一点无法证实。现存的小乌丸相传是由锻造鼻祖"天国"所制，

---

[1] 书中名字中带猛禽名的有乌间前同僚鹰冈，在故事中属于头号危险人物，生性卑劣。

刀身长60厘米，并不很长，但锻造工艺非常特殊。小乌丸采用了所谓的锋诸刃造工艺，即前半部分为双刃，而且刀尖从上下两侧逐渐变细。刀身的中部附近有一条镐线，开有血槽。如果只看这段描述，会感觉它很像双刃短剑或欧式的长剑。但实际上小乌丸刀身有曲度，代表了从长剑类的直剑向日本刀演变的时代特点。

小乌丸的曲度和适合马背上交锋的毛拔形太刀有所不同。毛拔形太刀在接近刀柄的地方有较大的弯曲，然后从这里到刀尖基本是直的。随着时代的演变，这个曲度渐渐向刀身中间过渡，使得刀身整体呈现比较均匀柔和的曲度。现存小乌丸的形状比较偏向早期刀身，但又不到毛拔形太刀的程度，因此可以判断是平安时代中期的作品。所以，无论是不是乌鸦带来的，假设桓武天皇真的有一柄小乌丸，那现存的这把也是第二代，甚至是更晚期的刀。

在平安时代，平氏家族从皇室求得小乌丸，视为珍宝，但在坛之浦合战中平氏一族被灭，宝刀也下落不明。直到江户时代，1785年时平氏后裔的一支伊势氏声称小乌丸在自家，并直接将小乌丸作为家族财产。明治维新后，对马国宗氏将其购入，在1882年时献给明治天皇。小乌丸的过往经历的确称得上错综复杂、颠沛流离。

但是，从平安时代末期到江户时代为止，有近600年的记录处于空白状态。说得直白一点，这期间就算有人用一把仿制品替换掉真的小乌丸，也不会有人知晓。

不仅如此，江湖初期的刀剑鉴定专家本阿弥光悦曾经做过小乌丸的拓片，然而现存的刀身上并没有这个拓片上的铭文。

小乌丸究竟有几把，最初的小乌丸究竟是什么样子，大家对此充满好奇，却又找不到答案。

虽然在刀的名字里有"乌"字，但很可能原本是"木枯丸"的日语谐音。所谓木枯丸源自传说，指的是刀身上有神力，如果将刀插在地上，会吸收周边一切精气，一夜之间树木皆枯。所以，如果不用"乌"字，也可以使用"木枯丸"的名字。

最后，再说一下带"鸦"字的名字。这种名字在日本比较罕见，但是在爱媛县、广岛县相对较多，尤其是今治、尾道一带（其实也只有数十人左右），听说在大三岛也有几家。广岛附近名字和乌鸦有关系的还有鸦田、小乌、鸦超等。我并不知道这些名字的起源，但也许过去有叫"鸦"的族系吧。小乌的姓氏让人很容易联系到小乌丸，或许是平氏一族流落到此的一支。

在山形县天童市有姓乌的人，据说是汉光武帝的后裔，因为太阳信仰而选择了乌作为姓氏。

结论

名字中与乌鸦相关的字可以被换成"黑鸟"，或者找到古代的名称及别称，所以都可以找到新的叫法。叫"某某鸦"却不是乌鸦的鸟类就更好解决了。人名中如果有相关的字，也可以根据背景和由来换成其他名字。

如果乌鸦从学术圈消失

★ 对生物学的影响

在生物学中,有所谓的模式动物。

比如名为秀丽隐杆的线虫。这是一种在土壤中到处可见的微小线虫,属于对人、动物和植物都没有危害的生物,但在遗传学上极其重要。因为在很早以前就已知其基因组序列,所以对遗传研究意义重大。

果蝇也是如此。最早关于决定眼睛颜色和翅膀形状的基因研究就始于果蝇,同源异形盒基因的研究也始于果蝇。同源异形盒基因不是酶的一种,而是一种可以给出类似于"长出胸部"等清晰指令的基因。一旦这里出现问题,甚至可能长出两个或三个胸部。同源异形盒基因可以解释为何多数昆虫都有两对翅膀,而蚊子和苍蝇只有一对;也可以解释为什么蜈蚣会有那么多体节。昆虫最终的形态取决于"生成翅膀"的指令是一次还是两次,以及指令是需要生成几次带足的体节。

这些科学研究进行得相对彻底、功能与基因容易对应且适合进行实验(容易在实验室中培育和完成交配)的物种,被科学家们选定为模式动物。因此,在遗传学和分子进化学的相关论文中,秀丽隐杆线虫、果蝇、小鼠和拟南芥出场率相当高。

乌鸦可以成为此类模式动物吗?

从遗传学上看,乌鸦并不适合。首先是不太适合在实验室大量繁殖并饲养乌鸦,即便可以,繁殖和成长需要花费较长时间,这也是一个问题。此外,鸟类并不太适合导入基因并进行解剖的活体实验。小鼠尚可被视为实验动物,虽然乌鸦和小鼠的区别好像没有那么大,但是人类的确在对待和自身差别越大的小生物时,越不容易代入情感。很少有人会因为踩死一只蚂蚁而懊恼,但是要是碾压了猫狗,心理都会形成创伤吧![1]更何况如果要解剖和

---

[1] 灵长类用于实验需要遵守极其严格的伦理规则,但有一种观点,认为对章鱼和乌贼也需要这样。

保存大型的生物，设备方面的要求也相应较高。

从生态学看，乌鸦可以很好地适配多样化的环境，所以也不太容易用它来测试面对自然条件变化做出的反应。如果是敏感的苍背山雀，很容易观察出当环境发生某种变化时，其进食的食物大小出现了哪些相应的变化。而观测乌鸦，会发现这边的乌鸦在吃炸鸡，那边的在吃面包，还有吃蝉的和吃樱桃的，吃得挺杂，搞不清食物条件是变好了还是变糟了。当然，我们可以研究乌鸦的行动圈，只不过一直以来，乌鸦都属于很难"抓住做标记"的研究对象。如果不做标记，那就无从追踪。

或者科学家可以调查乌鸦的繁殖生态。这一点同样困难重重。刚才也提到了，乌鸦很难被"抓住做标记"，但是不这样做就无法确定研究个体。如果放弃个体研究，改为对配偶双方进行共同研究，又要面临鸦巢的位置问题。乌鸦一般会在很高的树枝上筑巢，想要观测巢内情况比较困难。所以，收集产蛋时间、鸟蛋个数、鸟蛋大小、幼鸟体重变化等数据都很艰难。相比之下，苍背山雀能够乖乖地在人工鸟巢中经营家庭，岂不是更方便研究？

乌鸦的叫声是否值得研究呢？很遗憾，答案恐怕是

"不"。乌鸦并不容易饲养，鸣叫也没有什么复杂性。如果想要研究鸟的鸣叫，斑胸草雀或白腰文鸟更符合条件。关于鸟叫的研究最早以斑胸草雀为主，不过由于旋律并不是很复杂，冈谷一夫等人转向研究曲调复杂的白腰文鸟。

那么，乌鸦模仿人语言这点有没有研究价值呢？实际情况是不太有。如果只是模仿发音，研究白腰文鸟就足够了。研究证实，它们可以模仿并习得父辈的歌声。如果想要研究学习人类语言含义的课题，乌鸦也有点难以胜任。恐怕只有著名的非洲灰鹦鹉亚历克斯真的是在理解人类语言的基础上发声，而不是单纯模仿。既然乌鸦也最多只是模仿，那还是研究其他容易饲养的鸟儿更便捷。

综上所述，乌鸦也算是有点儿意思的鸟，但很难成为可供集中研究的对象，难以对生物学做出贡献。既然乌鸦带来的问题远远多于它能够做出的贡献，研究者自然会望而却步。无论如何，"此项研究结果对人类在了解某某领域具有重要意义"，是研究者取得成就的关键，也是申请经费的重要理由。如果不是对乌鸦十分着迷，应该不会选择它做研究对象。据我所知，针对乌鸦繁殖生态进行追踪研究的好像只有康奈尔大学的团队。[1]

---

1 但是,不要忘记他们的研究对象是美国乌鸦,具有集团繁殖活动的特殊性,因此才会出现针对集团中血缘关系与合作关系的研究课题。对于明确是一夫一妻制的大嘴乌鸦和小嘴乌鸦,就没有进行此类研究的必要了。有一个例外,是 2000 年后发表的一篇关于西班牙小嘴乌鸦繁殖的研究论文,指出小嘴乌鸦的子女在离巢后依然会生活在父母的领地内,第二年会返回老巢帮父母照看幼鸟。此项研究有意思的一点是这个情况只发生在西班牙(☆)。更有意思的是,即便拿其他地区的鸟蛋放在鸟巢内,孵出来的小乌鸦依然会成为父母的小帮手。所以,可以看出并不是因为西班牙的小嘴乌鸦群体特殊,而是因为它们生活的环境,使得种群的幼鸟都会帮助父母照顾弟弟妹妹。很可能小嘴乌鸦根据食物和领地取得难易度的不同,会做出相应的判断,决定究竟是离开父母自立门户,还是留在父母身边帮助照顾弟弟妹妹。这种行为并不是乌鸦所特有的,很多鸟类都有此类举动。

☆虽然这里写的是"只发生在西班牙",但在日本早期的论文中,也指出"小嘴乌鸦具有同心圆结构的领地,前一年出生的幼鸟会生活在领地外缘"。虽然论文没有指出幼鸟会照顾更小的弟弟妹妹,但是应该也承担着某种保姆的职责,或有些个体做着保姆的工作。可见,小嘴乌鸦繁殖行动的可塑性很高,很可能超出我们的了解。

在札幌,甚至还有享齐人之福的乌鸦。有人观测到三只乌鸦在同一领地内愉快共处。虽然有这些有趣的事例,但依然无法得出"乌鸦可供研究"的结论。

★ 对动物智能研究产生影响的新喀鸦

不过,乌鸦曾经也是一个炙手可热的研究对象。从20世纪90年代到21世纪10年代,很多研究集中在新喀鸦和渡鸦上。

新喀鸦

1990年,对于研究乌鸦,不,对于研究鸟类,甚至对于研究所有动物的学习和智能的学者而言,都是具有里程碑意义的一年。这是因为凯文·亨特发表了有关新喀鸦使用工具的论文。

从很早以前开始,乌鸦就被公认为聪明的鸟类。所以,《伊索寓言》中才有乌鸦喝水的故事,描写乌鸦把小石子投入瓶中，利用水位上涨成功喝到水。除此之外，体现乌鸦伶俐劲儿的故事数不胜数。但是，所有这些都只限于奇闻逸事、神话传说的范围之内，并没有什么通过严密观察，实际证明乌鸦智商的研究。智能研究大多数围绕类人猿展开，由此知道黑猩猩可以使用工具，还能够自己制造工具。

动物可以制造工具，给智能研究带来了重大意义。因为人类一直认为，自己是万物之灵，只有人类才能使用工具，其他动物没有这个能力。

让这种固有观念瓦解的动物之一，是科隆群岛的地雀。这种鸟可以折下仙人掌的刺做工具，挑出树皮下的虫子吃。还有埃及秃鹫，它们可以将石头从高处扔下，砸破鸵鸟蛋大吃一顿。

尽管研究人员也承认有的动物能够使用工具，但是，它们仅仅是将身边有的东西拿来使用，并不会制作工具。而真正的使用工具应该是理解目的，并基于目的进行制作。研究者一直认为这是人类特有的能力。

不过，当研究者看到黑猩猩将树枝折断，把树枝尖端咬烂，然后插到蚁穴中粘白蚁后，才认识到人类的特权也不再是特权。因为黑猩猩明显是将树枝加工成了最顺手的工具。咬烂的树枝软硬度合适，而且还增加了接触面，特别容易激怒白蚁，让它们爬到树枝上。等到树枝上爬满足够多的白蚁，黑猩猩就会把树枝抽出，像吃烤串一样塞到嘴里。

因此，制作工具已经不再是人类独有的能力。但是黑猩猩多少算是人类的近亲，也算是大家庭里的一员，所以具备这个能力也并不意外。

我并非基督教信徒，但也会觉得难以接受。因为在"人类特权"的思维背后，其实隐藏着"上帝按照自己的样子创造了人"这一基督教的世界观，并且认为"其他动物和人类一样"的想法过于幼稚。虽然这是很平等的自然观，但是毕竟生物在认知能力和感官方面都是不同的。"无法设想与自己不同的存在"，这种想法的背后就是绝对以人类为中心的观念。而实际上，即便同为人类，对世界的看法也不可能一致。

在这样的认知背景下，有关新喀鸦可以制作并使用工具的观察报告横空出世。研究人员观察记录了新喀鸦如何制作工具、如何使用工具的所有细节，让人无法对此表示质疑。它们会把叶子揪下来，只剩叶柄，然后通过咬的方式将叶柄前端弯曲，做成工具。有时候也会用树枝制作。新喀鸦会用自己做好的弯钩状工具去"钓"藏在倒木树洞中的天牛。有意思的是它们并不是强行钩出天牛，而是一点一点"骚扰"对方，直到天牛暴怒，一下子钳住弯钩。这时新喀鸦就会顺势将天牛拽出树洞，和钓鱼一模一样。

还有一种"露兜树叶工具"。新喀鸦会将带有锯齿边的露兜树叶扯成细长条，就像锯子一样，然后叼着这个"小锯子"去钓食物。

这些事例证明新喀鸦具有令人惊奇的认知能力，换言之，就是智商很高。而且，这个高智商的生物并非灵长类，甚至不是哺乳类。新喀鸦凭借一己之力，让人们重新思考智能并非某些物种专有。

于是，相关研究的方向集中在"这种可以制作并使用工具的智能到了何种程度"，"在这一点和类人猿有多少共同之处"上。一系列用于测试黑猩猩认知能力的实验，被一个接一个地运用到新喀鸦身上。

与其说研究调查是针对乌鸦的智能，倒不如说是

"在广泛研究体现智能的行为研究中,增加了乌鸦作为研究对象"。虽然乌鸦应该有自己特有的能力,但是针对这一点的研究并不是很多。关于新喀鸦的研究大部分都是在实验室内进行,以饲养个体为对象。这种形式作为确保实验条件的统一性非常重要,但是新喀鸦在野外环境中能够多大程度发挥自己的聪明才智,以及如何将智慧传承,这些课题就很少有人涉及。新喀鸦并不属于数量很多的鸟类,而且居住在森林之中,不易观测。我们通过电视等渠道看到的影像基本来源于一个渠道,都是通过食饵将其吸引来的。

从某种意义上说,虽然乌鸦成了研究对象,但是并不能说这些是关于乌鸦的研究。

如果没有新喀鸦,可能人们不会意识到"不太高级"的物种也有使用和制作工具的能力。在此之后,又有一些调查报告表明其他动物拥有使用工具的能力,比如八齿鼠经过训练也可以使用道具取得食物。裸鼹鼠在挖洞的时候,会叼着树皮,以防吸入尘土。近来还发现北极熊也有此类能力。很早以前就有人称北极熊在捕食的时候会用冰块做钝器击打海豹,如今这一点得到了确认。

鱼类谈不上使用工具，但是可以利用地面，算是一种对基质的使用。隆头鱼会将贝类撞击岩石，敲开食用。此外，2002年发表的研究论文提到冲绳秧鸡会把蜗牛摔在地面上，击破外壳食用。

南美洲的红腿叫鹤也有类似行为。研究者发现它们会将小动物或鸟蛋扔在地面上，甚至还有视频拍到它们捡拾高尔夫球，然后飞到柏油路将球使劲扔到路面上。视频将这个行为介绍为"会玩球的鸟"，但实际上红腿叫鹤扔球时，目光紧盯着地面。当球弹起又落下时，它被吓得飞了起来。也就是说，红腿叫鹤并没有期待球会弹起，它将球扔到坚硬的地面，而且期待着地面会发生一些事情。恐怕这种行为是来自红腿叫鹤在地面敲打食物的生活习性。

虽然红腿叫鹤很能干，但要说起身边鸟类中使用工具的小能手，人们第一想到的可能还是乌鸦。因为大家对乌鸦的固有印象就是"脑子好，干啥啥灵"，所以在乌鸦使用工具这件事上很容易达成共识。如果没有乌鸦，我相信有关动物使用工具的一般性研究多少会放慢步伐。

对于渡鸦的认知研究有很多，基本都是在实验条件下进行的，不过也有关于社会学习的研究，观测到渡鸦会模仿其他个体的行为学习解扣。这是难度系数很高的动作，目前还没有什么人类以外的物种能成功完成的先例。因为这个行为的重点不在于单纯模仿，需要自己加以调整和改良。如果是单纯的模仿，我们可以认为它是"不明所以地复制动作"，但如果是"先从模仿开始，掌握技巧以后，找到更好的解决方法"，那就能够说明它是在理解所做行为意义的基础上付诸实践。

这里面有一点需要加以说明。我曾经读到过提到渡鸦可能有自我意识的论文，阅读多次仍有不解之处。论文结论部分的大意是，"渡鸦认识到如果这样做会有好的结果，因此改变了自己的行为。所以说，它应该可以意识到自己将如何存在于未来"。我觉得这种结论已经超越生物学，变成了一个哲学的话题。

★ 会不会出现像乌鸦一样高智商的鸟类

既然我们需要探讨的是没有乌鸦的世界，那么就要去设想一个世界，从一开始并没有乌鸦出现，而其他鸟类进化到了乌鸦的位置。这种鸟有可能和乌鸦一样具备发达的认知能力吗?

这是一个很难回答的问题。有可能出现一种鸟类,在生物界中扮演相同的角色,完成同样的进化过程,具备同样的功能,但也有可能不会出现。

我们可以参考一下趋同进化。物种想要在水等密度较大的液体中高速移动,最理想的形状是圆滑的纺锤形。鲕鱼、鲣鱼、金枪鱼、鲭鲨和海豚都是这个体形,人类发明的潜水艇也采用了这种外形。飞机和鸟类也有一样的共性。也就是说,在简单适应物理法则的情况下,物种很难在形状和行为模式上过于"任性",祈求上天做出结构性改变的事情恐怕只能发生在想象中。

那么,这种鸟的智能是否一定会发育到乌鸦的程度呢? 我们已经知道除了乌鸦之外,还有很多能够发挥聪明才智的动物,所以并非只有乌鸦具备某种促进智能发育的特质。很有可能是生活环境对智力有一定要求,继而出现了符合智能进化的条件。不过,这也并不意味着必然会完成进化。所谓进化,就是不断重复地发生突变,而且这种突变并不具有目的性和方向性。当智能方面恰好向着进化的方向发生变化，而且对物种本身有利，还没有在发展过程中出现物种灭绝的情况，才能足够幸运地完成智能方面的进化。

所以，如果没有乌鸦会怎样呢？当然，我认为这种鸟的智能有很大概率得到进化（抱歉我只能说"我认为"，因为这里无法给出定量的数字）。理由很简单，那就是物种具有超乎想象的多样性。我们其实经常会被物种进化的程度刷新认知。

例如分布在喜马拉雅山的一种名为塔黄的植物，它可以在海拔4000—5000米的高原山地气候中生长。这里低温风大，所有的植物都是矮小的植株，几乎是伏在岩石上。但是塔黄偏偏长成2米左右的圆锥形，傲然挺立，在周边环境中极其突出。

塔黄的圆锥形植株其实是包裹着花序的半透明状苞叶（包裹花芽的叶子）的集合体。这些苞叶直径大约20厘米，呈圆形的鳞片状，紧紧包裹花序，仿佛一个半透明的罩子。

这个罩子的功能相当于温室。据观测，在天气好的日子里，苞叶内部温度可以达到30摄氏度，非常利于植物的发育。同时，温度升高也更容易吸引昆虫，有助于授粉。因为在寒冷的气候中，温暖就是对昆虫的回报。

当然，不要忘记，这一切都是由重视智能的人类所做的推测。人类往往倾向于看重自己，甚至曾经有过一个推论："假如恐龙没有灭绝，并学会了直立行走，有灵巧的双手，应该可以进化为大脑发达的恐龙人。"人类如此执着地认为生物史上会有自己或接近于人类的物种，多少陷入了自我满足的思维之中。

智能是物种的一个功能，智能发达，能够让很多事情都更容易完成。任何物种都多多少少能够体现出所谓的"聪明劲儿"。喇叭虫这种原生生物也可以。喇叭虫属于单细胞生物，虫体呈喇叭状。在喇叭口附近有许多纤毛，通过纤毛运动可以形成水流，将食物送入口中。但是，当有异物进入胞口时，纤毛会逆向运动，将其排出。如果这样做无法改善异物进入的情况，喇叭虫会停止活动并进行收缩。和脊椎动物的复杂行为相比，喇叭虫的行为属于小打小闹。但是不得不承认，对于没有神经系统的生物而言，这一系列动作具备非常明确的目的，属于有的放矢。

一方面,并不是智能必须发展到某种程度才能做成事情。如今,人类已经开发出通过AI驾驶的智能汽车,但是在没有AI的情况下,我们也可以驾驶汽车。对话型AI发展迅速,但是没有它,我们也可以写文章,也可以靠电脑工作。所以说,"有了的话更方便"和"没有的话就停摆"是两件不同的事情。

再来看看可以取代乌鸦的鸟,它们很有可能发育到和乌鸦相同的智能水平。发达的智商对于物种的生存绝对是一件有利的事情。考虑到生物的多样性,进化的可能性,以及鸟类进化所需时间的长度(从白垩纪结束计算也有6500万年),我们无法否认其他鸟类进化的可能。甚至,我必须说这种可能性极大。但是,这并不具备必然性。因为如果换一种普通智商的鸟,应该也可能存活下来。所以,结论只能是"如果有这样的契机,也不排除这样的可能"。

如果乌鸦没有出现,这个世界上未必会有一种"类似乌鸦的心灵手巧的鸟"。那么,能够发挥聪明才智的鹦鹉就有可能脱颖而出。我们已经做了很多次类似的假设,认为鹦鹉会按照生物发展史进行演变,甚至超水平完成进化。如果没有乌鸦，鹦鹉也会在自己的进化道路上发展出高智商。

按照我的推测，即使没有乌鸦，也会有其他研究对象支持认知心理学研究的推进。当然，细节之处应该会有些变化。

★ 乌贼和章鱼居然成了竞争对手

在认知研究领域，乌鸦也曾经算是明星级别的研究对象。不过，往日的聚光灯已然不再。曾经热衷于新喀鸦实验的剑桥大学的尼古拉·克林顿等人，近来将精力放在了乌贼和章鱼上。

乌贼和章鱼是头足类纲的奇妙物种，没有和它们类似的物种。乌贼和章鱼的头部在身体正中，从头部生出触腕，包裹着内脏的身体和头部相连。它们的食道贯穿头部，为了给食道让出位置，脑部结构呈甜甜圈状。乌贼的神经细胞数量和狗同样多，大约有5亿个神经元。更神奇的是，这里面有一半以上都不在脑中，而是分布在手臂上。章鱼的八条手臂都有大量的脑神经，每条都可以独立活动。而且研究表明，章鱼的腕和腕之间可以相互感知彼此的位置，并由此决定自己该如何行动，而掌握一切分部活动的是大脑。

乌贼和章鱼的智商都很高。在迷宫实验中，章鱼可以探索路径，并且记住迷宫（也有些个体会在实验中迷路时选择睡觉。也许对于潜伏在岩石缝隙中的章鱼而言，迷宫过于舒适了）。有研究表明乌贼能够进行镜像识别。而且，章鱼还会模仿他人进行社会学习。实验者让章鱼看到如何拧开瓶盖后，它会有样学样地拧开。对章鱼的神经系统活动进行调查时，发现它们在睡眠时脑部活动会发生变化，类似于人类的快速眼动睡眠和非快速眼动睡眠，甚至有研究者推测章鱼也会做梦。

章鱼还有一些令人想象不到的与人交往能力。比如很多潜水者都有过和章鱼亲近的经历，还有的人在海岸解救过被潮水冲到沙滩的章鱼，第二天章鱼还会回来道谢（当然，肯定不是"道"谢，而是当人在同一个地方行走时被章鱼用触腕拍打了脚）。这些由人口述的故事仅限于"看起来章鱼会和人交流"，至于实际情况如何还不能确定。但是，这已经足够让人们惊叹于章鱼的智商。

头足纲的确奇妙，它们的奇妙之处还在于发达的眼睛，和脊椎动物一样，可以准确对焦以认识外部世界。不仅如此，它们的视网膜构造比脊椎动物还要高级。脊椎动物的视网膜表层，也就是光线进入的一侧有神经纤维，视神经形成视束贯穿视网膜达到眼球表面。神经通过的部分并没有视细胞，所以即便有光线也无法感知。这就是盲点。但是头足纲的视网膜内侧也有视神经，不存在盲点。无论怎么看，头足纲的结构都更胜一筹。有的研究者甚至因此提出，拥有卓越生理结构和能力的头足纲可能才是宇宙生命的起源。[1]

　　所以，假如没有出现伶俐聪明的鸟类，我们还有伶

1　这一假设并非笑谈。人类在陨石和小行星上发现了类似生命起源的物质，所以关于地球生命的起源，究竟是从地球上开始的，还是构成生命的物质在地球以外的某个地方生成后降落到地球上的，有必要继续进行探讨。如果着眼于"可能性"，甚至可能同时存在两种情况。所以，理论上头足纲的祖先也有可能是外星生物，从宇宙的某处来到了地球之上。当然，有人会觉得如果头足纲真的是"天外飞仙"，那它们和地球上生物的共同性是不是过多？按理说，基因、构成身体的物质组成，以及基础设计应该存在很大差别才合理。

俐聪明的乌贼和章鱼，大可放心。唯一需要改变的就是《伊索寓言》里面的小故事，因为乌贼和章鱼不太可能在我们身边上演这样的剧情。

★ 乌鸦适合全民科普研究?

乌鸦是否可以作为全民科普的研究对象呢?

我想说的全民科普，绝不是少数专业人士才能胜任的研究，而是任何对此课题有兴趣的人都能持续进行的工作。目前，各地的自然爱好者俱乐部和观鸟会都在做持续观测，这就是非常优秀的全民科普。还有暑假期间的校外活动，也属于全民科普的一部分。

全民科普活动的意义在于扩展科学视野，同时也有利于人们科学理解世界上发生的一切。当然，认识世界并不只有依靠科学这样一个途径，但是在应该使用科学的时刻拒绝科学的方法，就会造成问题。

此外，全民科普有利于生产大数据。无论科学家多么努力，一个人的力量终究有限。在研究生活在淡水中的箱根三齿雅罗鱼的婚姻色时，研究人员参考了垂钓者的博客。因为如果研究者想要亲自进行婚姻色调查，就需要在箱根三齿雅罗鱼的繁殖期跑遍日本全境的河流，采集样本。幸运的是，各地的垂钓者会在自己的主页上传图片，研究者可以借着这个线索寻找呈现出婚姻色的鱼。

还有一个经典例子。一位研究人员在看到"推特"上的图片后联系发图者，询问图片中螨虫出现的地点，并前去确认，没想到发现了新品种。这种甲螨的学名叫作 *Ameronothrus twitter*。由于此事在网络上越来越受关注，有人又发新帖，问网友是不是这种螨虫？新帖被专家看到后，发现并不相同，而且好像又是新品种。经过一番调查，确认是新品种。如今这种螨虫的学名是 *Ameronothrus retweet*，半开玩笑地取了"转推"之意。[1]

上述几件事情都证明了大众信息对研究和发现的推动作用。不过，大部分来自普通大众的信息都存在视角或想法的错误，有些现象虽然少见，但并非新现象。

---

1 本书写作过程中推特被收购，并更名为 X。但是已经正式确定的物种学名并不会因此改变，依旧保留了推特的痕迹。

不知道大家有没有看到过乌鸦停在电线上，脚部周围羽毛炸起，一边向侧面踏步一边发出"嘎格嘎格"的叫声。其实，这是雄鸟的求偶舞步。因为这种行为只有在繁殖期初始很短的时间中才会出现，所以非常少见。但是这并不是所谓的"新发现"。尽管频率不高，但每年都会有。

而且，在从普通人那里收集信息的时候，还很有可能会遇到理解错误导致的"不实报道"。有一次，朋友告诉我在荒川一带看到了翠鸟，并且告诉我说他听到了非常悦耳的鸣叫。我不免感到诧异。因为翠鸟的叫声更像是坏了的自行车刹车，并不动听，所以我基本可以断定朋友的信息有误。果然，当他把照片给我看时，我一眼认出上面是红腹矶鸫的雄鸟。虽然鸟背部的羽毛是蓝色，肚子是红色，但还是能看出并非翠鸟。这个观测记录并不是翠鸟，但这个信息也并非毫无价值。我并不知道红腹矶鸫会出现在荒川一带，所以朋友的信息对于红腹矶鸫的活动记录是有价值的。

目前，大众并没有开展对乌鸦的科学研究，但是我认为乌鸦其实特别适合大众科普。首先，它体形较大，易于观测；其次，容易识别，而且活动丰富，和人的关系也非常紧密。考虑到乌鸦在繁殖期有时会出现攻击性行为，推荐给小学生做课外研究似乎有些不妥。但只要注意到这一点，不失为很好的研究对象。我们总在说身边的自然，乌鸦就是名副其实的身边的自然，也是和我们直接发生联系的野生动物。毕竟我们每天都要处理垃圾，乌鸦是一个绕不过去的问题。

一个人，很容易对地球上随处发生的破坏自然的行为表示愤怒，但同时又可以轻易地认为这不是自己的问题。乌鸦则不同，它是在现实生活中和我们距离很近的存在。

我们可以尝试收集东京各地乌鸦势力范围、捕食时的个体数等数据。通过这些数据，我们可以了解到很多情况。比如在疫情期间，伴随着餐饮店缩短营业时间，商业区的乌鸦数量是否因此减少，周边居民区的乌鸦是否相应增加？此外，垃圾存放点改进规则后，乌鸦的活动范围和繁殖成功率是否出现了相应的变化？总之，乌鸦能够提供很多可供研究的课题。

如果没有乌鸦，大众对这方面科学研究的关心度有可能会降低。不过，现实情况是目前也没有很多人对此感兴趣。再加上还有麻雀等城市中常见的鸟类，所以也不会产生太大影响。

结论

没有乌鸦这样的鸟类，人们可能不会这么快就认识到很多动物具备使用工具的能力。不过还有很多动物可以表现出聪明的行为，所以也不会产生很大影响。我一直认为乌鸦是大众科普活动的最佳观测对象之一，但并不是唯一对象。乌鸦在学术方面的确吸引了人们的关注，不过它终究不是不可或缺的重要角色。

第四幕

乌鸦候选者试镜

在最终审核之前

★ 对营巢地点的二次考察

考虑乌鸦候选者时,我曾经表示过对灰椋鸟、蓝矶鸫、鸽子和鹦哥营巢地点的担忧。

要知道,大型鸟类在树洞中营巢的地点比较有限。关于这一点我们可以展开讨论一下。我们身边常见的在树洞中营巢的鸟类有苍背山雀、麻雀和灰椋鸟等。麻雀有时也会在茂密的灌木中筑巢,不过鸟巢入口处也会收得很小,呈包裹状。

对于苍背山雀和麻雀而言,直径3厘米左右的树洞就可以钻进去,因为鸟类看起来鼓鼓的,其实大部分都是羽毛,羽毛下的身体其实很苗条。这一点和猫有些相像,都能够钻过很细的夹缝。如果是灰椋鸟的话,树洞的直径需要有5—6厘米。

所以麻雀经常会在电线杆十字横担和电杆交叉部分的钢管中筑巢,这一点在《电线杆鸟类学》(三上修,岩波书店)中有详细记载。近年来,电线杆除了要支撑电线,还需要负责连接电话线、网线等,因此会有很多新挂上的中继器和机器盒,横担也增加了不少。横担一般是铝合金方管,里面就成了小麻雀的安乐窝。

不仅是钢管内,麻雀还会在通信电线的中继器盒子中,或是在配电箱下面的夹缝里筑巢。苍背山雀也会在支撑栅栏的铁管中或报箱里搭窝,甚至还有的鸟儿选择在放倒的空花盆里营巢。这些小鸟有时候会利用垂直方向的小洞,我就曾经看见过在砍伐后的树墩中心位置的洞中有鸟巢,里面还有鸟蛋(估计在下雨的时候只能依靠鸟爸鸟妈来遮雨,看着有点艰难)。

所有在树洞中营巢的鸟类都有一个共同的烦恼,那就是适合自己的树洞并不是很多,而想要使用树洞的各类动物数不胜数。

以前曾有一个实验,安装人工鸟巢,在繁殖期结束后观察使用者的情况。人工鸟巢的住客并非只有鸟类,蜈蚣和巨蟹蛛都曾经到访,还有蛇和蝙蝠曾经借宿。当然，鸟类居多，而且鸟和鸟之间为了住房的争斗也颇为激烈。

一般来说，小个头的鸟可以进入很小的洞，这一点在选择上占了有利条件。稍微大一点的树洞，就会被体形大一点的鸟侵占。比如说，给苍背山雀准备的鸟巢，入口处在28毫米左右最为合适。如果是32毫米左右，就会纳入麻雀的选房范围。55毫米的话，灰椋鸟也能入住。特别是麻雀，如果它感到入口略窄，还会用嘴上下左右咬一圈，把洞口扩大到适合自己的尺寸。

寻找树洞营巢的鸟类常见的困扰就是"找不到适合自己的巢穴"。特别是在城市化进程影响到环境的今天，这是一个很严重的问题。灰椋鸟是日本本土的鸟类，比灰椋鸟体形更大的还有日本鹰鸮和猫头鹰。猫头鹰主要以鼠类为食物，日本鹰鸮则是主要捕食大型昆虫。如果这些鸟类的主要食物是蛾子或蝉，就无须茂密的森林环境。但是在城市中情况就有所不同了。我们很少能看到日本鹰鸮，因为它们的栖息地不仅受食物的影响，也受到营巢地点的影响。[1]

假如有其他在树洞营巢、身长40—50厘米的鸟类将乌鸦取而代之，会呈现怎样的分布趋势呢？让我们结合时代的发展进行预测。

先从日本开始，将时间追溯到史前时代。这应该是树洞资源最为丰富的时代，地球表面覆盖着茂密的树林，没有砍伐的行为，所以树木都自然生长到极限，会枯死，会被雷击中，然后形成很多树洞。

人类刚刚开始农耕的时候，情况也没有发生很大变化。这里我就不再笼统地写"在树洞营巢的鸟类"了，代之以乌鸦和灰椋鸟。乌鸦和灰椋鸟们在人类群落附近的森林营巢，还可以顺便去人居住的地方找一点食物。然而，随着人口不断增加，社会制度不断变化，到了江户时代

---

[1] 除此以外，鹰鸮类和乌鸦很容易交恶，如果乌鸦太多，鹰鸮类也很难繁殖。2022年和2023年，在东京市中心的皇居及赤坂御所一带观测到了猫头鹰的繁殖事例，大概率是因为乌鸦数量有所减少。那么紧接着就会有另一个疑问，为什么东京乌鸦减少后，发现猫头鹰繁殖情况的却只限于皇居和赤坂御所，而非整个城市呢？我认为主要原因是那两处地方是大片的绿地，无人居住，食物和树木都格外丰富。

（1603—1868），村落周边的山林由于伐木烧炭已被消耗殆尽，很多地方出现了光秃秃的山体。到了这个时期，乌鸦和灰椋鸟如果不去深山之中，已经很难找到可供营巢的树木。不过，它们发现仓库或小屋的房檐下也可以栖身。和猫头鹰相比，乌鸦和灰椋鸟更容易在人居住的地方落脚，考虑到它们对食物的需求，这种可能性还是很大的。当然，如果被投宿的人家嫌弃，它们就会被驱逐出巢穴，失去自己的小窝。

在江户时代，城市中心的情况又有些不同。当时江户城大约一半地方都是武士的住宅和寺庙，这些建筑被绿地环绕。特别是大名及其他级别高的武士，其宅邸中的庭院修建得甚是气派，和现在的公园差不多规模，里面还饲养着鹿和鹤（后来的富豪之家多有仿效，明治和大正时代的有钱人也住在类似的宅院里）。元禄年间（1688—1703）的书籍中曾记录过一个武士向朝廷提出的问题，大意是宅邸庭院中有黑鸢筑巢，是否可将其清除。

可以想象，如此规模的院落，自然可以供一两对乌鸦和灰椋鸟筑巢。

寺庙的殿堂也提供了更多的机会。有寺庙之处，必然有多个结构繁复的建筑物。一旦鸟类将这些建筑物的缝隙视为营巢地点，就相当于增加了许多栖身的可能。日语里家鸽的别称是"堂鸽"，和鸽子经常住在神社及寺庙的殿堂中有很大关系。

经过明治和昭和时代，经过高度经济成长期和泡沫经济时代，日本的森林资源不断减少。即便现在还有一些，人工林的占比也越来越多。令人没有想到的是，猫头鹰在近郊依然存在。比如千叶县我孙子市的山阶鸟类研究所附近就有猫头鹰筑巢，奈良市内也有。这些虽然是在山林中，但并非人迹罕至的深山。

如今，建筑业蓬勃发展，人们修建了大批房屋。如果乌鸦和灰椋鸟可以依靠这些建筑物营巢，并且以人类制造的生活垃圾为食，在高楼、立交桥下和车站中繁衍后代，那么它们一定可以迎来繁育的高峰。这一点对苍背山雀和鹦哥也同样适用。

在这个过程中存在的问题就是鸟类能用多快的速度适应人工环境，能否不被人干扰生儿育女。我们不能只看个例，从历史上看，麻雀和日本人的生活发生交集已经有2000年之久，而苍背山雀完全进入内陆城市并繁育，已经是20世纪90年代之后的事情了。

不要忘记,这本书讨论的话题一直是"如果乌鸦从世界上消失",而乌鸦所在的地区并非只限于日本。除了南美洲、新西兰和南极等少数地区外,乌鸦分布在全世界各地。那么,在干燥寒冷、树木稀少的地区,又会是什么情形呢?

让我们以猫头鹰为例,干旱地区的阿鲁巴穴鸮会使用草原土拨鼠的旧巢穴,或是自己挖洞居住。如果由它取代乌鸦,那么这位候选者就会生活在地洞里。不过,这样的生活方式在城市中很难实现,因为城市中可以挖洞的地面实在少得可怜。如此一来,阿鲁巴穴鸮只能在郊外生活了。

寒冷地区的针叶林地区有很多在树上栖息的雕鸮,所以猫头鹰并非不能在寒冷地区居住。但是,冻原地区无法生长树木,生活在这里的雪鸮只能选择在地面产卵。也许有人会担心,雪鸮的巢或许可以筑在地势相对高的地方,但是如何保证鸟蛋不被偷吃呢?那你大可放心,雪鸮的防御行为十分激烈。据亲历者表示,如果不小心在繁殖期接近雪鸮,它才不管来者何人,一定会用利爪攻击。

由此可见,即便是在树洞营巢的鸟类,也都具备一定的适应能力。参考猫头鹰类的繁殖方式,苍背山雀也可能像乌鸦一样,分布到干旱地区甚至北极圈。但是,因为没有雪鸮一般的攻击能力,恐怕在冻土地带很难生存。

★ 乌鸦候选者生活的世界

到目前为止,我做了各种各样的假设,探讨"如果乌鸦从这个世界消失",以及"哪种鸟类会进化成乌鸦的候选者"。下面,我将结合上面陈述的事实与假想,具体描绘候选者上位后的新世界。

食腐候选者的阵营

★ 候选者第一梯队：美洲鹫、秃鹫、黑鸢、卡拉卡拉鹰

如果由食腐性鸟类取代乌鸦的地位，首先考虑的就是美洲鹫、秃鹫，还有黑鸢，以及远在南美的亲戚卡拉卡拉鹰。黑鸢和卡拉卡拉鹰并不专吃腐肉（黑鸢在不同地区食性差异很大，台湾地区的黑鸢常吃其他鸟类），不过整体而言，在食物方面和乌鸦比较接近。

秃鹫的栖息地从非洲到亚洲，分布广泛。美洲鹫属于美洲鹫科，秃鹫属于鹰科。按照现在的分类，美洲鹫在隼形目中，所以在大的分类上和鹰形目属于非常近的关系，只不过看上去并不很相像。曾经有研究表示美洲鹫和鹳是近亲，但后来证明并非如此（可能由于进化速度过于缓慢，导致在分析基因时被视为近亲）。

按照让食腐鸟类取代乌鸦的思路大胆设想，每天清晨，东京上空飞着成群的秃鹫或美洲鹫，它们在上野和涩谷的街头翻着垃圾觅食，这样的场景仿佛探索频道中的骇人镜头。当然，这里不仅有安第斯神鹫和黑兀鹫之类翼展达到3米以上的大型鹫类，也有红头美洲鹫和白兀鹫这类身长和黑鸢差不多的种类。直到20世纪70年代，东京市内都有黑鸢在垃圾站觅食。考虑到这个历史事实，东京都上空飞起鹫类，从理论上看也不是毫无根据的想象。

虽然不排除这种可能，但是越大的鸟越讨厌有人接近。这些食腐鸟类真的能够毫不介意人类的存在而随意翻食垃圾吗？

我觉得很有可能。以黑鸢举例，它本身属于比较社恐的性格，被人类驯服的个体另当别论。即便如此，近年来不少生活在海边的黑鸢已经学会接受人类的投喂。给黑鸢喂食的风气大概始于20世纪80年代，也就是说，经过40多年的培养，黑鸢的性格已经发生了明显的改变。所以，如果没有成群出行、动作灵活的乌鸦，或许在大城市中也会有黑鸢的一席之地，黑鸢等鸟类飞来抢夺食物的场景也极有可能出现。

在南美洲地区,兀鹫和红头美洲鹫等鸟类像乌鸦一样活跃在城市中,它们会成群出现在郊外垃圾场。此外,非洲的头巾兀鹫虽然不至于活跃在街头,但也不惮于飞到人类生活区域的附近。当然,这些鸟类的戒备心都要比乌鸦强很多。

如果想要全方位取代乌鸦,可能还应该考虑更小型的食腐鸟类。但是如果再小一些,那就又要轮到乌鸦了。以非洲为例,最大的鹫类应属肉垂秃鹫和黑白兀鹫(身长超过1米),其后是黑雕(身长70厘米)和白兀鹫(身长65厘米),再接下来应该就是厚嘴渡鸦和非洲白颈鸦了。越大越强的物种越有优先选择食物的权利,如果没有乌鸦,可能身形更小的秃鹫会进化提升到这个段位,成为"鸦鹰",全面替代乌鸦。

到了南美洲,鹫类的体格还要更大一些。美洲鹫(安第斯神鹫)和加州兀鹫的身长都要超过1米,红头美洲鹫和大黄头美洲鹫、王鹫的身长大约70—80厘米,更小一些的黑兀鹫和小黄头美洲鹫也有60厘米,都比大嘴乌鸦要大一圈。和非洲、欧亚大陆的秃鹫相比，也许种类略少一点，但体格并没有太大差别。

在加勒比海的部分地区，人们将红头美洲鹫叫作"Carrion Crow"或"John Crow"。其实，Carrion Crow是小嘴乌鸦的英文名，欧洲人很可能将自己熟悉的鸟类名称直接用在了红头美洲鹫身上。不过也可以从另一个侧面看出这种鸟有多么适合取代乌鸦。

如果需要更小的品种，鹫类其实也可以进化出来，或者用卡拉卡拉鹰来做候补。

卡拉卡拉鹰是南美特有的鸟类，是游隼的亲戚。但是它们并不擅长在空中盘旋以捕食鸟类，而是更习惯迈着长腿脚踏实地。它们吃小动物和昆虫，有机会也吃腐肉。卡拉卡拉鹰的身长大约50—60厘米，和苍鹰、游隼差不多大，在体形上完美接近个头较大的乌鸦。

据推测，南美洲没有乌鸦的原因之一，就是鹫类和卡拉卡拉鹰提前一步来到这里并成功进化，挤占了乌鸦可能容身的空间。反之，隼类遍布全世界[1]，而卡拉卡拉鹰在南美以外的地区没有得以进化，恐怕也是因为乌鸦作为强大的竞争对手，抢先一步占据了北美和旧大陆。

★ 鸦雕 vs. 鸦鹫

澳大利亚比较值得关注，在那里既没有美洲鹫也没有秃鹫，食腐者主要是鸦类，还有被视为金雕近亲的楔尾雕。听到雕类食腐，一般人可能还不大能接受。其实猛禽鸟类无论大小，都可以吃腐食。长得威风凛凛的金雕和白尾海雕，也一样会吃三文鱼和驯鹿的尸骸，只要是食物，猛禽们都不会挑挑拣拣。

但是，通过对化石的研究，人们发现澳大利亚曾经

---

[1] 特别是游隼（*Falco peregrinus*），分布的地区格外多。欧亚大陆、非洲、美洲大陆，都有它的影踪。其他分布很广的鸟类还有鹗，即鱼鹰，以及牛背鹭。哺乳类中狐狸属于分布较广的一类，狼原本也是，但是近年来在很多地方已经绝迹，所以以分布并不均匀。分布最广的生物应该是卷甲虫，随着货物运输被送到世界各地，作为单一物种遍布全球（不过在一些地方也出现了遗传多态性）。卷甲虫的原产地据说是欧洲，但并无定论。

出现过大型秃鹫。在不久前发表的论文中，科学家对1901年出土的被认为是雕类的化石进行了再次研究，并得出结论，这是秃鹫类的化石。当年认为化石是雕类的判断依据是"下肢骨较弱，看起来不具备袭击猎物的强度"。早在20世纪后期，就有人提出了质疑。

这个化石被重新命名为强壮隐秃鹫（*Cryptogyps lacertosus*），存在时间可以追溯到5万—50万年前，大小和楔尾雕差不多。很有可能楔尾雕在强壮隐秃鹫灭绝后，为了填补生物系统的空缺而快速进化，同时生活模式也变得以食腐为主。

在50万年前，应该已经有乌鸦存在，强壮隐秃鹫应该曾经和乌鸦共同存在、共同进化。如果没有乌鸦，那么会是怎样的发展方向呢？

澳大利亚的秃鹫会为了填补空缺而分化出小型品种，当大型品种灭绝后，依靠身体小巧的优势继续生存下去。然后，在生存下来的种群中分化出身体较大的种类，很有可能会阻止楔尾雕"一雕独大"的局面发生。或者楔尾雕可以像现在这样继续活跃，形成大型雕类和小型秃鹫类共存的局面。

无论是哪一种可能，没有乌鸦，可能会产生小个子的雕类，就好像有可能出现在美洲大陆的"鸦鹫"。

美洲大陆曾经和欧亚大陆相连。以马为例，在北美进化后，大约在250万年前，通过尚未分开的白令海峡来到欧亚大陆。如果按照我的假设，那么300万年前，新物种鸦鹫或鸦卡拉卡拉也会从南美洲飞到北美洲，然后继续北上，经白令海峡进入欧亚大陆。而鸦雕进入北美的时间可能会发生在500万年前。

但是，这样又会出现新的问题。最初的分类可能就只有鸦雕，然后分化出新大陆鸦雕，之后根据地理位置对分布的种群进行命名时，很容易陷入应该是叫雕还是鹫的纷争。[1]

无论是秃鹫还是美洲鹫，都会早起觅食。因为它们身型较大，所以为了节约体力，通常会使用气流滑行。其他捕食的猛禽也具有类似特点。我在做环境影响评估工作时

---

[1] 猛禽的分类直到今天都在不停发生变化。根据IOC的最新信息，金雕和鹰雕的分类又出现了很多变动。而很难分辨的苍鹰、雀鹰和日本松雀鹰就更是在分类上"难解难分"了。

曾经注意到，这些鸟类很少在清晨飞翔。有人认为鹰雕在正午之前都不会飞，为此宁可不吃午饭坚持观察。虽然没有得出明确的结论，但可以肯定的是，鹰雕的活动时间和一般的观鸟时间不同，并非在清晨。当然，并非只有地面变暖后形成的上升气流可以提供帮助飞翔的风，其他方向的风吹到斜面后也可以帮助鸟类起飞，所以不存在清晨不具备飞翔条件的问题。小一点的鸟更不会受风的影响，只能说是秃鹫等鸟类的习性使然，也许人家原本就不像乌鸦那样要做清晨最早起床的鸟。

所以，"太阳鸟"的色彩多少会变淡。古代中国和古埃及原本将乌鸦视为"从太阳那里飞来的鸟"，这样一来也需要改变观念。日本自然也不会有八咫乌，一部分日本神话需要改写，最多保留金鸥的桥段，熊野大社的心愿牌和一些宗教场所的图案也不会再出现乌鸦的样子。既然太阳鸟金乌已经不在，阿部智里的小说"八咫乌系列"肯定也不会诞生。

不过秃鹫类有时会伸展双翼进行日光浴，为了晾晒羽毛和杀菌，同时也为了展开弯曲着的羽毛。安第斯神鹫的翼展可以达到3米，全靠这一对翅膀在飞行中托举10千克的巨大身体。它翅膀外缘的飞羽经常会翻过来(也有说法是为了应对翼端上反角或翼尖涡流)。想要恢复羽毛的曲度,晒太阳是一个见效很快的方法。因此,这种对着太阳伸开两翼的动作,也许会和太阳信仰搭上某种关系,至少不排除这种可能性。这样一来,"八咫乌系列"可能就会变成"八咫雕系列"或"八咫秃鹫系列",只是变身时候的场面有点不大好看。

对于秃鹫类而言,还有一个很大的问题。它们的营巢地点在树上少,在悬崖上多。这就意味着它们更适合干旱地区或山区。在树上营巢的个体,一般也都是直接利用断木上的大洞。秃鹫中既有在山崖筑巢的,也有像肉垂秃鹫一样在槐树上面建造巨大鸟巢的(大的直径可达2米,深度约70厘米),在筑巢方面不太挑地方。如果小型秃鹫进化到在树上营巢,就能更接近乌鸦。它们建造的鸟巢应该也会大于乌鸦。

卡拉卡拉鹰的鸟巢多修在树上或仙人掌上,和乌鸦更接近,而且在大城市里也更容易找到营巢地点。

★ **传播种子的候选者**

还有一个需要考虑的问题,就是鸟类的食性。卡拉卡拉鹰多少还是吃果实的,秃鹫和美洲鹫则主要食肉。如果它们进化得可以吃果实自然好,如果单纯地只是进化成食腐鸟类,那么就意味着自然界里传播种子的渠道又少了一条。尤其是对于柿子或枇杷这种果实也大种子也大的植物,传播者就更少了。当然,也可能会有其他体形偏大的鸟类进化为新的种子传播者。假设是没有尽头的,甚至还可以假设类似的植物不会进化。

乌鸦可以传播的种子还包括银杏。这是其他鸟类很少会吃的果实,但我看到过乌鸦吃。除此之外,应该还有貉会以此为食。

众所周知,银杏是活化石,其学名为 *Ginkgo biloba*,*Ginkgo* 来自中文"银杏"二字的读音,*biloba* 是种名,意为"双叶"。银杏为中生代孑遗的稀有树种,目前只有园艺种保存下来,对它的历史,我们只知道"原产自中国"。在银杏繁盛的时代,恐龙应该也是它的种子传播者之一。如果这个假设成立,恐龙的灭绝意味着银杏在漫长的发展历史中失去了生态学上的伙伴。

银杏的果实之所以会发出恶臭，是因为其外种皮中含有丁酸、庚酸等脂肪酸。丁酸其实也是引起脚臭的原因，还是一些奶酪气味强烈的原因。皮肤新陈代谢的产物经过分解也会产生丁酸。而庚酸是油类分解的产物。因此，无论丁酸还是庚酸，都属于生物分解的结果，或许就是这种味道吸引了食腐动物。考虑到当年银杏可能为了更好地适配恐龙而不断进化，也许恐龙中也有专门使用腐肉的品种。

银杏既然能依靠气味吸引食腐动物，那么能吸引到美洲鹫来"就餐"吗？的确，有研究表明，红头美洲鹫会凭借尸体散发的乙硫醇觅食。乙硫醇是导致洋葱腐烂后发出恶臭的原因，同时也是"生物体腐败的气味"，对食腐动物而言，这种气味意味着食物的存在。在这一点上和银杏非常相像。

但是遗憾的是，目前还没有研究能证明红头美洲鹫能够感知其他气味。如果它仅仅拥有"乙硫醇专属的味觉雷达"，就不会对银杏产生反应。如果红头美洲鹫能够区分不同的气味指标，银杏树就能拥有一支可以远距离飞行的种子传播大队，不用担心在乌鸦消失后会面临灭绝的风险，我们也可以安心享用烤银杏等秋日美味了。

就算银杏暂时有救了，可还有柿子和枇杷没有找到种子传播的继任者。换句话说，假如没有乌鸦，这个世界上可能也就没有了柿饼，日本料理中的柿叶寿司也将不复存在。这两样美食都来自我的家乡奈良，所以从保护地方产业的角度看，我觉得不是个小问题。

★ 海鸥能否胜任

从理论上说，海鸥类也有可能进化为食腐鸟类。特别是在海边和内陆河湖附近，海鸥有希望取代乌鸦的地位。

我曾经在知床半岛看到过这样的场景：一个当地居民打开窗户，将垃圾扔到院子里，看起来好像是海鲈鱼之类的东西。停在附近的红脚鸥和大黑背鸥成群地扑了过来，十分激烈地争抢。其实在民居附近也有几只大嘴乌鸦，但是它们并没有要加入这场混战的意思。大体格的海鸥类会让乌鸦也望而却步。

瑞典首都斯德哥尔摩以海鸥众多著称。当然,也有乌鸦。在咖啡馆的室外座位附近,总有寒鸦在蹲守(只要客人一落座,它们就会飞来要食),公园里有冠小嘴乌鸦在活动。但是船坞附近是海鸥的主场,它们独占了游客的关注和投喂。寒鸦小心翼翼地冒着被海鸥踢到的危险,在夹缝里拼命捡一点残渣。这种关系类似乌鸦与野鸽。

如果没有乌鸦,海鸥也许还能继续扩大势力范围。但是,至少在日本,海鸥类也就仅限于黑尾鸥等,北海道等日本北部地区还有大黑背鸥。总之,海鸥类的栖息地比较有限,大都生活在寒冷地带。

而且海鸥几乎不吃果实类,因此无法完全替代乌鸦的职能,也不太适合生活在森林中。海鸥类基本属于海边或水畔的鸟类,在岩石和沙地营巢,最多能扩展到杂草丛生的荒地上,上树居住是万万不能的。

尽管如此,海鸥并非不能在城市中繁衍。在东京就有黑尾鸥在高楼屋顶筑巢,但也更容易被驱逐,比乌鸦还难以见容于人类社会。海鸥类具有集团繁殖性,通常是数对结伴繁殖,需要一定的空间,同时也会产生相应的噪声,几乎不可能偷偷摸摸地在楼上筑巢(而且鸟粪和小鱼等食物会弄脏屋顶）。因此，海鸥很难像乌鸦一样分布到城市的大街小巷，成为闹市中的"固定居民"。

乌鸦在树上居住，可以生活在郊外的树林中，适应城市生活的个体也可以生活在行道树和公园里，并不是特别显眼。它们的繁殖生态很容易适应城市。

因此，海鸥类很难全面替代乌鸦，实在不是一个优秀的选项。

结论

小型的秃鹫和美洲鹫如果可以进化,作为可以捡食垃圾的食腐鸟类,很有可能取代乌鸦。卡拉卡拉鹰也是很好的备选。其他鸟类要是能够在树上营巢,很有可能成为"类似乌鸦"的鸟。海鸥等在营巢地点上比较吃亏。

不过,无论是鹫类还是海鸥类,食性上都有一个同样的短板——不吃果实。我在前文半开玩笑地说过,作为奈良市民,无法接受柿子灭绝。所以,如果这两大类鸟类取代乌鸦,就需要搭配进化出能够食用大果实、大种子的大型鸟类。也就是说,世界上到处都是犀鸟、巨嘴鸟或大个子的灰椋鸟。再这样无限制地提出假设,我的脑子也快要承受不住了,更不要说这个设想完全不能实现。如果一定要做有可能的假设,应该是"秃鹫变小,并学会吃果实"。总之,这都是我一厢情愿的想法。

都市鸟类候选者的阵营

★ **候选者第二梯队：灰椋鸟、蓝矶鸫**

首先，这个假设存在的前提是灰椋鸟至少要长到和鹩哥一样大小。

东南亚街头经常可以看见大摇大摆走来走去吃垃圾的家八哥，颇有乌鸦候选者的潜质。它们在食性上完全没有问题，既吃昆虫和小动物，也可以吃果实。不过椋鸟科应该没有可以吃腐肉的小种，无法成为狩猎采集时代先民的神鸟。之所以食腐鸟类会被早期人类供奉成神，是因为它们总能在捕获猎物时出现，有时还会跟在猎人身后，当时的人类觉得这种行为非常神秘。这种举动在渡鸦身上体现得尤为明显，它们还会跟随狼群，这些应该都是食腐习性造成的。如果鸟类只会在村落附近翻食垃圾，一定被认为是卑微的物种，或是添乱的家伙，不可能被视为神明。

因此,假设有鹩哥大小的灰椋鸟,有可能在人心目中的地位等同于欧洲的喜鹊。很难封神,有些不伤大雅的淘气,总体还是招人喜欢的。

而且,乌鸦食腐的习性是它讨人嫌的主要原因之一。如果不能进化为食腐鸟类,在这一点上倒也少了被人嫌弃的风险。在美国西部开发时期,枪手的墓碑不能被叫作"Raven stone",德国曾经将死刑犯叫作"渡鸦的食物"。

少了食腐这一条,取代乌鸦的鸟类也许能够得到人们更多的喜爱。有人可能会觉得是好事,但食腐性其实也正是乌鸦"阴暗的魅力"所在。我们要承认这是乌鸦的特质之一,不可改变。对于穆斯林而言,鹰和鹫都因为食腐而被视为不洁,乌鸦也在其列。

不管是上述的哪种鸟类,想要取代乌鸦,都需要兼具类似的身材和食腐的特性。

当生态系统中尸体的降解速度放慢,森林的再生能力势必会减弱。具体到日本,植被也会发生变化。[1]简单

---

[1] 由于没有研究可以确定乌鸦对尸体分解做出了多大贡献,所以也无法推测会放慢多少速度。很有可能哺乳类食腐动物就能够将尸骸分食干净,最终不会造成很大影响。

地说，植群的变化和树林的发展都可能放慢速度，也许草地面积会有所增加。

为什么草地面积会增加？那是因为一方面很可能兔子和鹿会增加。这样一来，金雕就能更容易捕捉到猎物，种群数量或许会略有增加。而另一方面，伐木烧炭用的林木的再生过程可能会变慢，也就是种苗、育林、砍伐的周期会减缓。那么，江户时代出现的因过度砍伐导致山林荒芜的现象会更加严重，失去植被的共有山地会进一步增加，山阴地区[1]的日本传统炼钢业也会面临更多的困境。因为冶铁需要大量的燃料，采矿还需要开山挖矿，想要持续发展需要花费很多心思。[2]提到炼钢厂和矿山，很容易联想到动画电影《幽灵公主》。如果植被发生了变化，电影最后一幕描绘的场景可能会更为惨烈吧。

---

1 本州西部面向日本海一侧的地区。——译者注
2 即便如此，2003年时的一项研究表明炼钢业对哺乳类产生了长期的影响。对于野兔、鹿和野猪这类在草地里觅食、生活的中型动物而言，影响是正面的。而对于野鼠、山鼠和日本小鼯鼠这类生活在森林中的小型哺乳动物而言，会影响物种多样性。主要原因是如果森林消失或破碎化时，行动能力较弱的小型哺乳动物很难逃到新的栖息地，种群消失之后也很难再恢复。

假如灰椋鸟取代了乌鸦，营巢习性和现代乌鸦应该也有差别。灰椋鸟喜欢在树洞里筑巢，鹩哥也是。那么，树洞的大小就成了新的问题。以现在灰椋鸟的体形，换气口和拉门的夹缝都可以成为营巢地点。许多管状物体也能成为它们的栖身之所，高架桥的排水管，棒球场隔离网后面起到支撑功能的钢管，灰椋鸟都会在里面"私搭乱建"，只要直径达到5厘米就没有问题。然而，如果灰椋鸟进化到乌鸦的个头，入口的直径就至少要有10—15厘米才能钻进去，内部空间也要相应增加。就算不介意尾羽稍微挤一挤，乌鸦大小的身体也没法硬塞。即便是小巧的家鸦，身长也有40厘米以上，渡鸦更是有65厘米。能够容纳这种体格的树洞，大约就是猫头鹰和犀鸟巢穴的大小。这可太糟糕了，因为需要大树洞的鸟都是"住房困难户"。因为想要找到足够大的树洞，就需要有直径足够大的树，而且还得恰巧是折断的，或是中间腐烂形成了空洞的。

　　乌鸦之所以到处可见，是因为它们在树上营巢，行道树和公园都可以成为栖息地，在哪里都能繁育后代。与此相比，需要巨大树洞的鸟类即便离开城市也很难找到繁殖地。以佛法僧目为例，为了保护这类鸟，甚至需要设置人工鸟巢。中国台湾等地也在尝试通过投放人工鸟巢（或称人工树洞）来保护拟啄木鸟科的鸟类。这些鸟类的身长基本都不到30厘米。

"大号灰椋鸟"想要在都市里繁育绝非易事。喜爱居住在树洞中的寒鸦（准确地说，根据IOC的分类已经不是鸦属，而分离出去成为寒鸦属）经常在树洞、岩石凹槽中筑巢，用小树枝和枯草在洞中搭建自己的安乐窝。寒鸦有时也会在换气口和墙面砖块脱落的地方营巢。它们身长大约33厘米，和乌鸦相比小很多。如果是大嘴乌鸦那种56厘米左右的身长，能钻进去的地方势必减少很多。不过，作为喜爱树洞营巢的鸟类，似乎也能适应城市生活，所以姑且还保留在名单之上。

★ 在都市营巢的鸟类

能够很好替代乌鸦的鸟类，其实已经存在于城市中，那就是野鸽。

野鸽在大城市里到处都是（可能已经到了令人生厌

的程度），而它们的营巢地点几乎无一例外是在人工物上（而同样在城市中生活的山斑鸠大都在树上营巢）。原本野鸽都是在山崖的断面和凹陷处筑巢，到了城市之后改在了房顶、很少有人去的阳台[1]、高架桥下面或车站的房梁上。在野鸽看来，建筑物就是岩石山体的替代品，只要有类似岩洞或山石缝隙的地方，都可以用来筑巢。

所以，身长在30—40厘米的鸟类，如果不是非树洞不能住，而是习惯于在山石间营巢，都可以在城市中繁育生息。在钢筋水泥的丛林中，它们甚至比喜好在树上居住的大嘴乌鸦还容易找到栖身之所。

提到在岩石缝隙间营巢的鸟类，不要忘记还有蓝矶鸫。它们原本喜欢在山崖筑巢，但现在也习惯了在海港的防洪石块间生活。进入城市后，它们善于找到类似洞穴的地方，例如房檐下的洞，或者钢筋交错形成的空间。

如果灰椋鸟和蓝矶鸫替代乌鸦的位置，且身体大小

---

[1] 甚至有时仅仅几天没人去，阳台就会被野鸽"占据"。我的一位朋友有一次去参加学会时忘记关窗，等到他回来时，发现窗边的书桌上赫然出现了鸽巢，而且正在孵蛋的鸽子大大咧咧地继续趴着，圆圆的眼睛直勾勾盯着他看。

和鸽子差不多,那么应该可以在城市中轻松安家。但是如果和乌鸦差不多大小,就要受到很多限制。

下一个问题就是"它们能否在人的生活区域活动"。

野鸽又被叫作堂鸽,这里的堂,指的是佛堂。也许和人类的放生活动有关,鸽子最早的安身之处大多是寺院,和人类比邻而居可以追溯到1300多年前的飞鸟时代。按理说,经过了如此漫长的岁月,应该很习惯与人打交道了。但是,比起乌鸦,野鸽和人类的交情相对浅,因为乌鸦走近人类可以追溯到石器时代。

此外,这些鸟类都不太具备晨起鸟儿的特质。灰椋鸟有时会在夕阳西下的时候成群飞舞,勉强还能算上"日暮的鸟儿",但是并不会在早上迎着晨光飞来。如果灰椋鸟进化得体形赶上乌鸦,并且可以伴着日升日落出现在天空,那几乎就和乌鸦无异了。

我总觉得灰椋鸟不如乌鸦酷,这也许是心里的"乌鸦滤镜"在作怪。而且,灰椋鸟的栖息之所会非常吵闹,比乌鸦的噪声还大,很可能因此遭人嫌弃。

说到模仿,灰椋鸟和它的近亲们也会一些。经人饲养调教后,能发出一些接近语言的声音。但是如果要冷静地加以评价，它们对此并不擅长。除非能进化到鹩哥的水平，否则基本不可能说出"永不复焉"的台词。

进化成"大块头"的蓝矶鸫也在我的候选者名单上，虽然"大块头"听上去好像恐怖电影的感觉。蓝矶鸫既吃果实，也吃昆虫，大一点的动物也能被它当作猎物。说是大一点，其实依然属于小型动物，比如它能吃麻雀蛋，也会攻击麻雀幼鸟。蓝矶鸫的身长大约40厘米，如果能长到1.6倍大，就可以很好地取代乌鸦。

但是现实世界里没有这么大的鹟科鸟类，生物史上也从没有出现过，所以这都仅限于我的想象。在满足想象的条件下，蓝矶鸫具备两个取代乌鸦的条件："吃果实"和"具备一定的捕食能力"。不过它也可能无法进化到吃腐肉。这一点和灰椋鸟一样，属于减分项。

蓝矶鸫的营巢有什么特点呢？

我以前曾在著述中将蓝矶鸫称为"鸫科的亲戚"，这里要做一点补充。过去一度被划分为鸫科的一些鸟类和鹟科的鸟类进行了调整，蓝矶鸫从鸫科分到了鹟科。在新的分类中，蓝矶鸫属于鹟科矶鸫属。栗腰薮鸲、红胁蓝尾鸲和黄眉姬鹟属于一个类别。栗腰薮鸲和红胁蓝尾鸲一般在地表物体下面和树根附近的凹槽等不易被发现的地方筑巢，和蓝矶鸫很像，都属于将鸟巢隐藏起来的类型。黄眉姬鹟的巢建在树上，但它们也喜欢钻进树洞，而不是用树枝搭窝。

所以，如果没有足够大的树洞，依然无法供乌鸦大小的鹟科鸟类繁衍生息。尽管蓝矶鸫的营巢地点比较多样，但如果没有寺院神社的大型建筑群，也不太可能在人类居住地生活，这一点和灰椋鸟一样。

鸦属基本都在树上筑巢，有一些可以在岩石上营巢，但绝不会执着到非岩石不可。寒鸦虽然基本选择在墙面的凹槽或孔洞中营巢，但是根据IOC的最新分类，它已经不再是鸦属，而是寒鸦属了。

预测了那么多可以取代乌鸦的候选者，大部分不是选择树洞，就是选择岩壁营巢，难道就不能让它们选择在树上居住吗？

这些鸟类选择树洞，有可能是为了和乌鸦和平共处，甚至是为了躲避乌鸦的攻击。那么，如果自然界中没有乌鸦，灰椋鸟和鹟鸟也许就能搬出树洞，搬上树梢了。

不过,在有乌鸦的世界里,也依然有鸟类选择住在树上。而且也没有证据表明,灰椋鸟是因为居住在树洞里而躲过乌鸦的迫害才得以繁衍生息。所以,我也不能断言乌鸦存在与否会改变其他鸟类的营巢方式,姑且还是应该按照树洞营巢去考虑。

说到这里,需要提及鹟科的一个特征。鹟科在列举的诸多乌鸦候选者中,是唯一拥有婉转歌喉的鸟类。单是这悦耳的歌声,鹟科就很难被人类嫌弃。

但是,不要忘记体形偏大的鸟类大都声音低沉。蓝矶鸫的鸣叫声不仅没有美感,而且又长又吵闹,说句不好听的,就好像是听《哆啦A梦》里胖虎的演唱会,煎熬得不行。如果是蓝矶鸫上位,估计也会被人讨厌。

而且,鹟科并没有清晨和傍晚结伴活动的习性,所谓的"太阳鸟"和"神鸟"的说法也就不能成立了。世界各地的神话和传说、文化和习俗、文学和艺术,以及现在的影视作品也会有所更改。日本足球协会不会再用三足乌的标志,熊野大社和乌森神社不会再供奉乌鸦。众神之王奥丁的肩头不会蹲着福金和雾尼两只乌鸦,因此火野丽的造型设定里也不会出现两只乌鸦。传说中从船上放飞乌鸦并由此发现冰岛的维京人弗洛基应该放飞其他的鸟，甚至按照物种发展的时间线，他都没有机会发现冰岛。

冰岛若是没有被及时发现，可能就没有冰岛人雷夫·埃里克森发现新大陆的环节了（埃里克森于997—1004年航海期间抵达新大陆，比哥伦布发现新大陆早了近500年）。当然，埃里克森抵达后并没有留下太多生活居住的痕迹，所以他有没有提前到达都不会对历史产生太多影响。

对于近代史的影响又会有多少呢？1958年、1972年和1975年时，英国与冰岛之间曾经发生过"鳕鱼战争"，如果没有冰岛的存在，不知道鳕鱼的捕捞量会不会产生变化，英国会不会一直在冰海领域呼风唤雨。而且，冰岛甚至还对冷战产生了一些影响，因为凯夫拉维克基地曾经是北约及美国对苏战略上的一个重要据点。

冰岛和日本的联系还反映在鲸鱼肉进口方面。日本一直从挪威和冰岛进口鲸鱼肉。虽然由于市场萎缩，冰岛自2024年起停止了商业捕鲸，但它曾经是日本国内鲸鱼肉的重要来源。

结论

夸张地说，灰椋鸟和蓝矶鸫取代乌鸦，会改变日本旧时的田园风貌，说不定还会对东西方阵营产生某种影响。客观地说，就算没有雷夫·埃里克森发现冰岛，挪威人估计也会发现，历史还是会走上相似的轨道。假如是瑞典人率先发现冰岛，并将其作为自己国土的一部分，以他们的中立国态度，应该不会允许北约修建基地。所以，历史还是有出现变化的可能。

想到这些，我觉得灰椋鸟和蓝矶鸫还是做自己更好。当然，如果和其他食腐鸟类共同搭伴出场，也可以将这两类鸟纳入考虑范围。

聪明鸟类的候选者

★ 候选者第三梯队：鹦哥和鹦鹉

乌鸦侧写中一个重要的特点就是聪明，第三梯队的候选者最符合的也是这个特质。灰椋鸟和卡拉卡拉鹰是不会自己拧开自来水龙头喝水的，但是对于鹦哥和鹦鹉而言，似乎也不是无法完成的任务（纯属个人观点）。

对于乌鸦的聪明，我并不想做条分缕析的说明。总体而言，它们记忆能力强、智商高，这一点是毋庸置疑的。此类研究很多，我在前面也列举了一些例子。

在鸟类中，乌鸦的脑部和体重相比属于比较大的一类。不过，非洲灰鹦鹉等鹦鹉和鹦哥类的鸟类比乌鸦的"头身比"还大。

鸟类的体重非常轻，所以我们在比较哺乳类和鸟类的体重时需要格外注意，而这种比较发生在鸟类之间就完全没有问题了。从脑容量大小看，非洲灰鹦鹉超过了乌鸦。我们也的确知道有些非洲灰鹦鹉可以在理解人类语言的基础上说话。

亚历克斯就是一个著名的例子。它的主人是一个心理学家，事实证明亚历克斯可以在很大程度上理解概念性的事物。比如，前面有两个苹果和三个香蕉，如果用英语问亚历克斯"红色的有几个"，它会回答"2"；问"黄色的有几个"，它会回答"3"；问"水果有几个"，它会回答"5"。这说明对于苹果，亚历克斯内心的概念并非唯一，还有"水果"和"红色"两种，并且能够根据情况准确使用。它还有数字的概念，并且可以使用英语交流。

鹦鹉类的鸟一般具有社会性，以群居为主，和乌鸦相同。这类动物可以记住与同伴在社会环境中的关系，具备判断是非的"政治性头脑"。研究者认为这也是该类动物智能水平高度发展的重要原因之一。从这个角度看，鹦鹉是可以替代乌鸦的。

此外，鹦鹉类"能说会道"，乌鸦如果经过人工饲养和训练也可以"说话"，但仍然不及鹦鹉和鹩哥。在神话故事中，鹦鹉类开口说话会更加自然，美中不足的就是声线有一点搞笑。

鹦哥和鹦鹉还是"天生捣乱者"。如果搜索"Kea，GoPro"的视频，会出现不少类似的画面。稍不留神，啄羊鹦鹉就会叼走运动相机，因为相机还在工作，甚至网上有不少啄羊鹦鹉起飞后拍下的影像。

啄羊鹦鹉不是这个大家族里唯一喜欢捣乱的家伙。在澳大利亚，近年来因为葵花凤头鹦鹉（头顶有柠檬色冠羽的纯白色大鹦鹉）学会开垃圾箱，也引发了很多问题。它们的脚非常灵巧，可以抓住物体熟练操控。而它们的喙就像第三只脚，或是像手一样，可以作为具有破坏性的工具使用。即使把垃圾箱盖好盖子，上面再压一块大石头，它们也能巧妙地把石头推下去，打开垃圾箱盖。这一点引发了科学家的关注，《当代生物学》杂志就曾刊登一篇名为《凤头鹦鹉的开箱行为是否引发了与人类的创新军备竞赛》[1]的文章。

我住在澳大利亚的朋友说："与其说这些家伙在翻食物，不如说它们纯粹是因为好玩而捣乱。"如果这件事对

1　Barbara C Clamp et al, 2022, Is Bin-opening in Cockatoos Leadingan Innovation Arms Race with Humans? *Current Biology*, 32(17) .

葵花凤头鹦鹉

葵花凤头鹦鹉而言类似于智力游戏，那就比较难办了。

我刚听到鹦鹉开垃圾箱盖的新闻时，首先想到的是应该给鹦鹉放一些更有意思的玩具，分散它的注意力。还有一个朋友认为可以制作"给鹦鹉看的视频"。听说真的有这样的视频，而且是付费的。很有可能是面向家里饲养的鹦鹉，给它们打造一个更好的环境。

想象一下鹦鹉站成一排观看为了防止它们乱翻垃圾而设计的视频，这个场景该多么有趣啊。但如果真的付诸实践，恐怕鸟儿会越聚越多，总会有些好事者看烦了视频转头去玩垃圾箱。想想就让人头疼。

鹦鹉这种闲不下来的个性，给人的感觉就是"绝非等闲之辈"，甚至带着一种骗术高超的气质。总之，会让人产生不好的感觉。

鹦鹉和乌鸦一样在白天活动，并且具有集体属性，一早一晚都会成群结队地飞行，景象极为壮观。澳大利亚的野生虎皮鹦鹉集体飞过天空时，就像一团巨大的绿色云朵（如果搜索budgerigar flock，可以找到此类视频）。当它们一股脑停到枯树上休息时，大树仿佛枯木逢春，瞬间变成绿色。虽然不是所有的鹦鹉和鹦哥都像虎皮鹦鹉一样有如此庞大的集群，但也都是一起行动，并宣告一天的开始。

也许，会有一个关于太阳中住着巨大鹦鹉的传说，日本神话中天神会派三足鹦哥下来引路，熊野大社供奉八咫鹦哥，日本足协的标志也要更换。

可爱是可爱，就是没什么威严。

再来说一下食性，这点至关重要。鹦鹉吃果实，而且能吃很大的果实，因此完全具备乌鸦传播种子的功能。

鹦哥和鹦鹉都吃果实，它们强有力的鸟嘴不仅可以咬下果肉，还可以咬碎果核吃种子。它们和吃种子的松鸦及吃禾本科种子的麻雀、鸽子一样，既是种子的传播者，也是消费者。因此，如果它们遇到枇杷和柿子的果实，很有可能会咬碎种子的外壳吃下去，那就变成了这些植物的终结者。

因此，如果它们需要承担乌鸦散播种子的这部分职能，恐怕需要弱化咬碎种子的嘴部功能，或是消化机能和生理机能发生转变，改为只能吃果实而非种子。这个实现起来并不容易。

我一直觉得鹦鹉取代乌鸦的地位是最有意思的情况，特别是考虑到啄羊鹦鹉的捣乱行为，还有葵花凤头鹦鹉的开箱举动。一系列给人添乱的行为都很像乌鸦。

然而，考虑到它们吃果实时会波及种子的情况，似乎鹦鹉也不是那么完美的候选者。爱吃种子，说明它们也可能开始吃豆类和谷物，鹦鹉身上的农业害鸟潜质会让它们比乌鸦还遭人讨厌。

在我找寻适合的候选者时，了解到一种只分布在北美的鹦鹉——卡洛林鹦鹉，又称卡罗莱纳鹦鹉。可惜的是，这种鹦鹉因为对果物种植和棉花栽培构成危害，已被人类捕杀而导致灭绝。[1]卡洛林鹦鹉的身长加上长长的尾巴可以达到35厘米，体重大约100克。从体重上看，比斑鸠和灰椋鸟略重，比鸽子轻，和金刚鹦鹉这样的大个子相比要灵巧不少，同时又具备一定的适应环境变化的能力。如果这种鸟类能够进化得大一些，是不是可以替代乌鸦的位置呢？

如果卡洛林鹦鹉增加肉食倾向，变成杂食鸟类，是不是能够因为少祸害庄稼而保全性命呢？其实，乌鸦也可以食肉，但一点没有改变它对农作物的威胁。为什么乌鸦没有因此被赶尽杀绝？

乌鸦的肉食倾向也有让人厌恶的时候。它们会吃牛或羊产仔后的胎盘，如果生下的是死胎，也会变成乌鸦的食物。而且，如果母牛和母羊没有保护周全，乌鸦还会去袭击毫无还手能力的小牛和小羊。因此，乌鸦曾经被牧民恨之入骨。甚至还有一个时期，因为乌鸦会吃刚刚生下的

---

[1] 野生物种灭绝于1904年，之后仅存于动物园内，直到1918年，最后一只名为"印加"的卡洛林鹦鹉死于辛辛那提动物园，整个物种完全灭绝。顺便提一句，1914年，世界上最后一只旅鸽"玛莎"也死于这所动物园。

小鹿，导致猎物越来越少，也被猎人视为仇家。美国的渡鸦就曾经因为这样的原因而被扑杀，当乌鸦误食扑杀狼群投放的毒饵时，有人也会觉得反正都是有害的鸟兽，死有余辜。在北美的中部地区，渡鸦的分布出现了断层似的空白，那是因为在扑杀平原地区捕食者时，牧场和农田发生很大变化，导致渡鸦再也没有回归。看到美国的自然环境伴随着开发西部被破坏得面目全非，我只能说，最有害的难道不是……算了，不说也罢。

回顾生物发展的历史，我只能遗憾地承认，未来依然会发生一些我们不想看到的事情。

结论

鹦哥和鹦鹉如果想取代乌鸦，就需要增加肉食性特点，弱化嘴部力量，不要以种子为食物。否则将会被全世界视为谷物种植的天敌被疯狂扑杀，恐怕也活不到今天。当然，肉食鸟类也可能被人嫌恶，所以需要和吃果实的特性找一个平衡点。

需要附加条件的候选者

★ 候选者第四梯队:改吃水果的食腐鸟类

让猛禽改吃水果,理论上可行,但很难找到现实中的成功例子。

鹦哥和鹦鹉与游隼算是近亲,其共同的祖先恐怕都是肉食性鸟类。但是,从这个祖先分化出两支,一支进化为以果实和种子为食,另一支则练就空中捕鸟的绝技。走猛禽风格的一派已经可以强到在飞行中抓捕其他鸟类,想要让它们转变为素食主义者,几乎难以想象。

难归难,却也有成功的先例。首先是凤头蜂鹰,这是一种特殊的猛禽,它会挖开黄蜂的蜂巢吃幼虫。凤头蜂鹰广泛分布在欧亚大陆,活得很逍遥。但是它在猛禽中的地位有些不好辨明,习性也非常独特。正是这个凤头蜂鹰,在东南亚还被观测到以柠果为食。在澳大利亚,楔尾雕也会吃果实。其实这种鸟类在习性上更偏向食腐性，在进化的过程中越来越不依靠捕食为生。就连金雕，也有文献表明它会吃果实。种种表明，代表肉食性的猛禽类也有可能学着吃素。

想象一下，和乌鸦相似的猛禽，经过长期进化，鸟嘴变得没有那么尖锐，比以前更长、更大。由于不需要卓越的飞行能力，翅膀可能会略微变小。此外，由于需要时不时在地上踱步，腿会变长，脚型会适合走路……这些特点拼在一起，几乎就勾勒出了一只卡拉卡拉鹰。鹰类和鸶类的鸟类或许真的可以进化出类似卡拉卡拉鹰的鸟。

乌鸦可以将食饵踩在脚下，精巧地转动，也可以抓握。考虑到大多数雀形目都不能用爪转动食物，乌鸦绝对算是"心灵脚巧"。关于这方面有一些统计性的论文，提到鸟类中可以使用爪的大多数是雀形目以下的科，以及秃鹫、鹰、游隼、鹦哥、鹦鹉和美洲鹫。不过乌鸦用得最多的还是嘴。

猛禽和乌鸦相比，鸟爪更加发达。隼科可以一只脚抓住树枝站稳，另一只脚抓住食物送到嘴边吃掉，毫不费力。其他猛禽还能在飞行过程中弯曲脖颈，将刚刚抓住的猎物吃掉。如此看来,"学会吃果实的猛禽"是不是比乌鸦还要灵巧呢?

想必会是这样。改吃果实的猛禽,在某种意义上就是带着捕食者姿态的鹦鹉。能够灵巧地飞行,灵巧地抓握,灵巧地啄咬。

说到这里,我有一种不好的预感。就像前面讨论鹦鹉时说过的一样,进化后的鸟类会轻而易举地掀开网子和容器的盖子。如果它们碰巧还有鹦鹉一样的好奇心,很有可能做出咬自行车胎或是开瓶盖的事情。乌鸦会因为衔住金属丝导致电线短路,造成轨道交通中断,影响已经很大了,要是再具备开瓶盖的能力,还不知道要闹出多少大事。虽说重要的瓶盖也不会设计得很松,让鸟轻易旋开,但也有一定的风险。

这些灵巧的鸟类还可能突袭人类,抢走炸鸡,边飞边吃。到时候说不定会走在街上遭遇从天而降的鸡骨、虾皮、鱼刺,甚至是老鼠。

更何况很难界定应该将地面行走和食用果实的能力进化到什么程度为宜,换句话说,就是在多大程度上舍弃自己猛禽的属性。如果掌握不好分寸，会带来很大危险，甚至对人类形成危害。

乌鸦会有攻击人类的行为，大多数时候都是为了保护幼鸟，并非有意袭击。有些非常强势的个体，会有胆量袭击人类，但都是从后面飞来，最多踢人的头部。

说到这里，我们需要了解一下乌鸦特有的离趾足，即趾三前一后。当乌鸦踢人的时候，基本是握趾从后面踢，或者将人的脑袋当成踏板一样踩一下。这时向后的一根趾会剐到头部。

根据森下等人的研究，东京都内遭遇乌鸦袭击的报告中，受伤的情况约有一成多，全部是"鸟爪造成的擦伤"。这都是因为被向后的一根趾剐到。

如果这样的鸟爪进化成猛禽的水平，情况会变得很糟。苍鹰捕食的时候，鹰爪的八根趾会刺入猎物，直达小动物的内脏，因此在捕获猎物的同时可以直接将其杀死。猛禽的鸟爪如此强劲，不仅是为了有力量抓着猎物飞行，也是为了快速地一击致命。在接触猫头鹰的时候，被它啄一下固然很疼，但最需要小心的其实是鸟爪。对方未必是有心，但只要被它握住，爪尖会自然紧扣。甚至在制作标本的时候,稍不留意都可能被鸟爪刺伤。

被这样的鸟类攻击,当然不会受致命伤,但肯定要比乌鸦造成的伤害大。

更不要说鹰等猛禽比乌鸦胆子大得多。城市的公园里生活着一种叫日本松雀鹰的小型鹰科鸟类,如果离它们的鸟巢太近导致其发怒时,它们会直接冲着人的脸攻击,毫不畏惧。如果要形容两者的区别,那就是剑道和剑术的不同吧。

所以说,猛禽类鸟如果比乌鸦多一些攻击性,多一些威力,也可以在都市中找到生活的空间。[1]

猛禽一般都非常谨慎,所以理论上不会把家安在距离人类太近的地方。但是生物的行为方式也有发生改变的可能,大嘴乌鸦原本也是在森林中建立一个直径大于1千米的活动圈,营巢地点绝对不会让人类发现。如果这样想,"食果类猛禽"也有可能大量出现在城市中。

---

[1] 美国新闻网站 CHIRON 在 2023 年 7 月 17 日发布了一条新闻,报道了在得克萨斯州休斯敦城市中心生活的红尾鵟袭击居民的事件。由于邮递员的安全受到威胁,该地区甚至暂时中断了邮政配送业务。

结论

通过蜂鹰的例子,我们可以看到猛禽改食果实的可能性。如果捕食能力降低,导致接受腐肉为食物,那就更接近乌鸦了。但是,由于身为猛禽,很有可能比乌鸦更容易被人类视为危险的存在,而遭到驱赶。

★ 候选者第五梯队:改吃肉食的鸽子

排在第五位的应该是改吃肉食的鸽子。

我其实不太想考虑这个选项,担心鸽子会成为非常难以控制的生物。可以预见,只要有垃圾出现,鸽子就会毫无征兆地成群结队扑将过来。而且,鸽子啄食的时候根本不过脑子,什么都吃,发现吃不了再吐出来。对待垃圾袋可能也一样,不过脑子地先啄一通,完全不管会不会弄得到处都是。鸽子还不怕人,人走近时也不慌张。改吃肉的鸽子遇到鸡骨头，可能会没完没了地啄食，根本停不下来。想想就觉得比乌鸦还惹人烦。

不过，我说的这些都是在考虑了原鸽的属性后推断出来的。原鸽其实是由人饲养的鸟类，所以它们在返回野生环境之初就完全不怕人。这一点通过对比山斑鸠的行为举止就能看出，和山斑鸠相比，原鸽对人的态度几乎可以用"厚颜无耻"形容。山斑鸠出现在城市中是在20世纪70年代中期以后，甚至可能是在进入80年代后，仅有40多年的时间。[1]在那之前，山斑鸠都和人类保持着一定距离，相安无事。

鸽子的性格源自它的习性。鸽子会啄食地面上所有看起来像食物的东西，尽管里面一多半都不是。遇到能吃的，它才会吞下，然后继续啄食。这种行为让它们看起来

---

1 我这个年龄的大叔说到山斑鸠出现在城市的时间，第一反应就是"最近几年"，但仔细一算，也有40来年了，占去了人生的一半。对现在的年轻人而言，这是从他们出生就随处可见的鸟。有人说，在老年人心里，"现在"的概念会停留在20多岁，最多30多岁的年纪。按照这个观点，"60后"的"现在"可能就停留在20世纪八九十年代，这也就是为什么我们认为"山斑鸠"是"最近"出现在城市中的原因。

原鸽（野鸽）

好像没头脑，但这真的很蠢吗？

对生物而言，有一个重要的课题："在大量食物和非食物混杂的情况下，当然选择食物。单位时间内摄入最多食物者胜出。"让我们用机器人比赛举例说明。A组属于高智商组合，他们给机器人组装上各种感应器，经过测试，来判断物品是否为食物。如果不是食物，就停止收集，改去测试下一个。这种方法相较于鸽子那种"先啄一下看看，不是食物就算白费力气"的行为，可以将时间和精力的损失控制到最小。

不同于A组，B组什么都不想，只在机器人口中放置一个感应器，含到嘴里鉴别出不是食物就吐出去。于是，机器人要吃进去很多"假货",在啄的动作上面消耗大量时间和能量。但是它不需要进行慎重地甄别,在这一点上节约了很多时间,每一次尝试都非常迅速。此外,还节约了感应器的费用和运行成本。于是,当A组的机器人还在努力判断"这个是不是食物"的时候,B组的机器人已经吃了吐、吐了吃地进行了几个回合,哪怕只有一次成功,成绩也足以打败A组。

A组机器人犯的第一个错误是在"如何避免将不是食物的物品判断为食物"上花费过多时间,因而引发了第二个错误,即"明明是食物,由于过于谨慎被当作了其他物品"。想要追求精准度,就要进行严格判断。但过犹不及,很可能因为高标准而错过真正的食物。这一点和过于精准严格的认证体系非常相似。

上述两组最后谁能胜出呢?胜者未必是善于思考的A组。

客观地说,由于食用非食物的风险(例如在普通蘑菇和毒蘑菇中做选择,选错即丧命),非食物和食物的占比,尝试一次所需要的能耗等条件存在差异,得出的结论一定不同,所以很难做出定论。不过,可以看出鸽子这种"不假思索,干就完了"的方法未必是错误的选择。其实我们在工作和学习中也会有类似的体验,并非精确的公式才是唯一解法。

因此,虽然鸽子的行为看起来很不聪明,但是可能那是对鸽子而言最合理的方法。

暂且让我们先保留对鸽子的不屑态度,去考虑一下如果它的食性发生变化,会有什么事情发生。

就像我刚刚提到的,鸽子有鸽子的习性,所以会做出这样的举动。那么,如果鸽子改为乌鸦的习性,就很有可能具备和乌鸦一样的能力。按照现在的状态,鸽子想要在其他捕食者的缝隙里拾一点剩饭,需要格外小心,否则就要丢了性命。再加上伴随着食物范围不断扩大,难免会让觅食方式、进食方式变得越来越复杂,恐怕很难继续像现在这样,呆呆地"咕咕咕"叫,在地面乱啄一通。

当鸽子的食性效仿乌鸦改吃肉食后,它的行为大概率也会与乌鸦相仿。如果还是保持鸽子的特点,仅仅在食谱上发生改变,它会毫无意义地啄破所有的垃圾袋,让自己成为最让人厌烦的鸟。说到这里,让我们试想一下鸽子会如何过上乌鸦的生活。

首先,只要落在地上,就开始啄一切视线内的物品,不是食物就扔在一边。当然,乌鸦在这点上做得也挺过分,但鸽子的特点是连空瓶子和纸屑也不放过。怎么说呢,就是愚蠢版的乌鸦。如此一来,垃圾袋被袭击的频度较之现在会大幅增加(不可燃垃圾、回收垃圾、碎纸屑都不会放过),无端增加了很多清扫工作。乌鸦的习惯是看见洞就要挖,看见绳子就要拽,估计鸽子做这些事只多不少。乌鸦喜欢拽的还只限于绳索之类,但是鸽子是爱吃花生的,恐怕看见衬衫纽扣和鞋子的扣眼,都会当成食物,先啄一口试试。等到鸽子的鸟喙适应了肉食,破坏力就会更大,真不是一件好事。

鸽子原本会吃种子,但是吃进去的种子总会被弄碎。因为这属于生理结构问题,很难解决。假如鸽子不吃种子,势必需要通过其他方式补充营养,这个方式可以是"食肉"。肉食能力增加的同时,砂囊(鸟类没有牙齿,无法咀嚼,因此通过消化器官砂囊,机械性地让吞下去的石子与肌肉收缩协作,帮助消化)就会退化,然后连种子都不会吃了,而改为只吃果肉。

和前面提到鹦鹉、鹦哥时一样，姑且将这种变化视为可能。山斑鸠、红翅绿鸠和乌鸦一样，都是在树上营巢，黑林鸽和斑尾林鸽都有40多厘米长，和乌鸦的大小也差不多。这些鸽子如果改为肉食，拥有强大的喙，一定和乌鸦极其相似。

不过，除了最早被人类驯化的原鸽，山斑鸠进入都市生活最早也就只能追溯到20世纪80年代，它们和人类的关系远不如乌鸦密切。

通常情况下，鸟类都会在食物丰富——特别是昆虫幼虫丰富的时期大量繁殖。因为想要养育快速生长的幼鸟，需要有大量柔软且营养丰富的食物。不过，鸽子和其他鸟类不同，它们的嗉囊腺（消化道的一部分）会分泌出一种叫作鸽乳的富含蛋白质的物质，用来喂养幼鸟。也就是说，只要亲鸟能够正常摄入食物，就可以在体内加工出适合幼鸟食用的物质。因此，鸽子的繁殖期并不固定，秋天产蛋的情况也不少见。如果能保证食物，在冬天也能繁殖后代。

在现实生活中，我们可以看到警示，提醒大家"5—6月是乌鸦幼鸟离巢时间，请大家小心"。如果换作是鸽子，就不需要此类提示了。虽然我们搞不清楚"乌鸦鸽"会不会也是易怒体质，但是如果它们也是领地意识很强、攻击性很强的鸟类，那人类恐怕要一年到头受到威胁。特别是在"盛产"垃圾的大城市，任何季节都适合繁殖。

结论

转为食肉的鸽子依然会保持无可救药的执念，做什么事都不动脑子，把人逼得绝望。这实在是一个恐怖的假设，但也只是一个假设，我们并不知道它们会变成什么样子。鸽子有可能进化为乌鸦这种类型，如果真的发生，它们不分季节地繁殖，很可能会对人类产生更加糟糕的影响。

最终结果：找不出一个完美候选者？

讨论了这么久，不难看出，无论谁取代乌鸦，结果都是有好有坏。坦率地说，我觉得这些候选者中看起来最合适的是鹦鹉类，但是又不能无视它会因此无法传播种子。而且，这样的变化甚至会产生比乌鸦更难以对付的"害鸟"。

排在第二位的是秃鹫等猛禽，作为食腐鸟类比较容易找到共性，外表也够酷。但是我同样担心这样的鸟攻击性会超过乌鸦。此外，如果不能让这些鸟的食性更偏向果实，或者再进化出一种以果实为主要食物的大型鸟类，恐怕对植物的进化会产生不良影响。

说得再严重一点，这些改变甚至可能影响到日本的环境，或者国际局势，后者自然是个玩笑。不过既然有蝴蝶效应，那么我们也很难预知究竟会发生什么变化。

思前想后，我勉强挑出了以下接近候补条件的候选者：

·美洲鹫/秃鹫或改为食肉的鹦鹉与吃果实的大体格灰椋鸟或鹟科鸟类的组合

·猛禽身体变得更小,性格变得更好,且食性转为吃果实或吃腐肉

可能也就这些吧。不管是哪一种,都不是很好实现。而且第一种还需要两组鸟类搭配着共同进化,尤其困难。

此外,就是让鸽子进化成大型食肉类鸟类。因为从没有一类鸽子有过这样的先例,所以可能性更低。

对比这些选择,让金雕体格变小,进化成吃果实或吃腐肉的选项似乎更为合理?不,不,它们是否能够在人类生活区域附近定居还是个谜。如果这些鸟类生活在远离人群的地方,那么就不太容易填补上乌鸦在文化领域的位置。好消息是城市里的垃圾可能不会再被鸟类弄得一片狼藉,只是那些不会在清晨街道上啄食垃圾的鸟类还能被叫作"乌鸦"吗?

除了乌鸦之外,真的没有鸟可以成为第二个乌鸦。

当我完全放弃为乌鸦寻找候选者时,我发现了一种近乎完美的鸟。那就是生活在非洲的棕榈鹫。

棕榈鹫

棕榈鹫在猛禽之中也属于佼佼者。它属于鹰科，但并不是鹫属，而是棕榈鹫属（*Gypohierax*）。这可是为棕榈鹫单独创建的属。从分化顺序看，大致是继鹗属、鹫属、胡兀鹫属后，在很古老的时代从其他种群中分化出来的。棕榈鹫分布在非洲西部的赞比亚、东部的肯尼亚到南非的海岸线一带。因为棕榈鹫喜爱棕榈生长的区域，所以不会选择干燥地区和高地。

棕榈鹫全长大约60厘米，翼展150厘米，体重1.5千克左右，和渡鸦差不多或略大。它们在树上营巢，甚至有过在酒店花园营巢的例子，由此可知它们并不怕人。

最重要的是它们的食性。棕榈鹫顾名思义，以棕榈树的果皮和果肉为主食，油棕和酒椰树都是棕榈鹫的最爱。此外，它们也吃橙子等水果。据说果实占成鸟食物的60%以上，而幼鸟的食物中超过八成是果实。除了吃果实，还会吃一些谷物类。

而且，棕榈鹫还是种子的传播者。它们的体格足够传播油棕和酒椰树这样较大的种子，大嘴也足够将果实囫囵吞下。根据巴西的研究，卡拉卡拉鹰用尖锐的喙和爪划破油棕的果皮，很可能有助于其发芽。[1]棕榈鹫很可能也在这方面有所贡献。卡拉卡拉鹰也吃酒椰树的果实，但是不如油棕多。

棕榈鹫不是完全的素食主义者，它还吃腐肉、昆虫、乌龟等小动物，还会捕食鸟类。我猜想棕榈鹫在很早以前就向素食进化，但因为祖先的影响，多少保留了一点肉食特征。棕榈鹫飞翔的时候，振翅飞行比滑行要多，所以对上升气流的依赖应该不会太大。它的体形较小，而且

---

1 L. B.Silva, 2022, Frugivory and Primary Seed Dispersal of ElaeisGuineensis by Bird of Prey. *Brazilian Journal of Biology*, 84(2).

和其他食腐鸟类不同，不需要为了找到腐肉而长途奔波。

棕榈鹫像乌鸦一样食用腐肉和小动物，也像乌鸦一样吃果实，并且不会咬碎种子，是合格的种子搬运工。因为不依赖上升气流，还能一大早就开始飞行。从各个方面看，它在生态学上都堪称乌鸦的翻版，实在是完美的候选者。

唯一和乌鸦不同的点，就是棕榈鹫的羽毛主要是白色，特别是从下面看，腹部羽毛基本是白色。成鸟从初级飞羽到次级覆羽的翅膀和肩胛是黑色，但整体印象偏白，类似于白鹳。背部相对而言黑色羽多一些，不过也最多算是"黑白相间"。

如果棕榈鹫能够满足下面的几点，就能更好取代乌鸦的位置。

· 增加食用的果实种类，并且提高食腐和捕食的适应能力

· 身形再小一点，以提高适应性，即使食物资源不够丰富也能生存下去

· 到世界各地安家，成为遍布全球的鸟类

· 在这一过程中渐渐进化出黑色的羽毛

这样一来，棕榈鹫便可以成为一种"能食腐、能食果实、能捕食，体形中等偏大，清晨飞翔，遍布世界的鸟类"。在南美和亚洲热带地区也种植着油棕，所以有非常广阔的区域可以成为棕榈鹫的栖息地，它的发展前景可以称得上一片光明。

遗憾的是，这种"新款乌鸦"无法说话。

鹰和鹫等鸟类不像雀形目一样具备发达的发音功能，它们不会婉转唱歌，也不能通过学习模仿其他物种的声音。事实上，棕榈鹫的低音更像鸭子发出的嘎嘎声，有时也会发出类似笛子的高音，但都不能称之为歌声。当然更没有可能模仿人的声音。

爱伦·坡笔下的诗歌主角会被换作"大秃鹫"，肯定没办法借它之口说出"永不复焉"。不能说话的乌鸦也就不再是我们认识的乌鸦。甚至那种让人想起故乡田野的乌鸦叫声，还有儿歌里唱到乌鸦的旋律，都将不复存在。从这一点上看，棕榈鹫还是和乌鸦有些差距。

在开始写这本书时，我已经有了一种预感：能够代替乌鸦的，只能是乌鸦自己。对于其他鸟类，我陷入了

"既要还要"的怪圈。想要让某种鸟类完全取代乌鸦的地位，就必须对其进行"爆改"。而如果真的发生如此多的改变，恐怕又会引发意想不到的问题。

再回到本书开篇的问题，如果乌鸦从世界上消失，城市会变成什么样子？不如让精挑细选出来的候选者们共同完成想象的篇章。

在美洲大陆温暖的区域，原住民崇拜的是不知从哪里迁徙而来的美洲鹫和卡拉卡拉鹰。在平原地区，美洲鹫紧跟着狼群活动。一旦原住民捕获了猎物，卡拉卡拉鹰就会守在一旁等着分食残羹。

北美地区的美洲鹫一直分布到加拿大全域，甚至可能跨越白令海峡，飞到欧亚大陆。不过，在这中间还有旧大陆的秃鹫类。它们经过漫长的进化，已经适应了严寒气候，所以很可能会先声夺人，飞抵欧亚大陆。从西伯利亚到阿拉斯加，以及加拿大等地，被尊为"神鸟"的有可能是中等体形的秃鹫，而图腾柱上雕刻着的有可能就是白头海雕和秃鹫。

再看看澳大利亚,白尾海雕属于食腐鸟类,但还有其他更小的秃鹫和具备肉食倾向的食肉鹦鹉排在后面。白尾海雕的食谱里增加了果实,因此成为大洋洲负责传播种子的重要一族。在欧亚大陆,蜂鹰和体形变小的金雕也承载着传播种子的重任。农家院落的柿子树上会有猛禽停在上面,啄食金灿灿的柿子。铁路沿线也常有猛禽出没,还能帮着给枇杷播种。

不过,最好不要太接近这些鸟类。从春季到初夏,是它们的繁殖期。在公园树上营巢的"鸦蜂鹰"或"鸦雕"很容易攻击人类。每年都会有被鸟蹬了头、踹了脸的事件发生,新闻标题大多会加上"猛禽越来越猛"的字眼,鸟类学家则发表"它们只是为了守护幼鸟"的观点。但是,因为这些鸟类比乌鸦有力得多,所以蹬踹事件很容易变成流血事件,难以让人轻易释怀。

在城市中,除了上述的鸟类,还有海鸥和黑鸢参与垃圾抢夺战。可能有人觉得黑鸢并不是都市鸟类,但实际上从20世纪70年代起,黑鸢便在东京街头捡拾垃圾。曾经有一个时期种群数量减少,但从20世纪80年代到2000年左右,它们为了寻找食物,渐渐习惯与人相处,如今属于城市中常见的鸟类。

　　试想另一个场景。在大城市林立的楼群中、高架桥下，生活着身长达到40厘米的灰椋鸟，它们成了繁华街道中的固定居民。此外，还可以听到体形硕大的鹟科拖着长长的尾音在高歌。这些鸟类不仅吃垃圾，也吃果实和小动物，包括昆虫以外的小鸟和老鼠，甚至有时会袭击燕子和鸽子的鸟巢。它们会在车站屋顶的钢筋之间营巢，在站内行走的乘客会听到头顶传来幼鸟的叫声，保不齐还会被上面掉下来的食物残渣击中。这些鸟类从前只生活在森林中，或是人迹稀少的寺庙里，但从20世纪70年代开始也进入都市圈，成为城市的一道风景线。同时，大量鸟类在屋顶营巢成为一个社会问题。

　　垃圾场会有鸽子常驻其间，对着一根鸡骨能啄到天荒地老。无论路人手里拿的是爆米花还是炸鸡，鸽子从不挑食，都会突如其来地飞过来啄一口。

　　此外，食谱变得很杂的鹦鹉会在公园树木的裂缝中繁殖，会灵巧地掀开垃圾箱盖。配送到家门口的快递受损严重，用户投诉激增，快递公司叫苦不迭。

最后一幕

鸟类学家松原的平行日常

结束慢跑的我，拎着垃圾袋出门上班。公寓门前的垃圾站围着坚固的金属网，甚至还放着仿真鸟。这都是必需的措施。如果露天放垃圾，食腐鸟类会把这里当作聚餐场所。金属网可以有效抵抗猛禽的破坏力，仿真鸟是为了转移"鸦鹦鹉"的注意力。我注意到仿真鸟上有很深的咬痕，但和三天前相比变化不大。看来聪明的鸟儿已经对这个玩具失去了兴趣，是时候考虑下一个替代品了。

从车站出来，我注意到电线杆和街道两旁的树上都贴着"小心鸦雕"的警示。在幼儿园前面玩耍的小朋友们戴着头盔，上面有橡胶质地的凸起。这些是澳大利亚的进口产品，当地公司将其研发出来应对"鸦喜鹊"的攻击。被猛禽踢一下可不是闹着玩的，当然要给小朋友做好防护。

车站前的高架桥附近传来阵阵大分贝的鸟叫声，穿过城市噪声，清晰地刺入耳中。在高架桥桥梁处肯定住着鹩的家族。不过，似乎只有作为鸟类学家的我才会关注这个叫声，路人们早就见怪不怪了。

到办公室后，我打开邮箱，看到大学群发给老师"小心自行车爆胎"的通知。估计又是鹦鹉干的好事。近期在校园内已经发生了好几起，前几天在学校的公车上面也发现了被咬的痕迹。校方拜托我们负责调查校园内猛禽分布及营巢情况，作为鸟类学者，自然是责无旁贷。食堂附近，经常有人被肉食性鸽子啄到，有关部门已经提醒学生不要在室外长凳上用餐。唉，类似事情真是一件接一件。

出版社编辑来找我约稿，题目竟然是《如果讨厌的鸟类从城市消失》。呵呵，哪里有这样的好事。

或者自然界能最终进化出一种结合各种鸟类特点的全能鸟，吃果实、吃昆虫，也吃腐肉，智商高，不像猛禽那么爱攻击人，也不像鹦鹉那么爱添乱。想到这里，我推开窗户，一只鸟飞了进来。这只鸟通体漆黑，眼珠又黑又亮。在我盯着它看时，它大嘴一张，清晰地说出一句

"永不复焉"。

我承认我的种种设想接近科幻小说，但有一点是真实的，那就是轻易做出假设并不会导出好的结果。就像电影《回到未来》，马丁改变过去的结果就是让自己失去出生的机会，而将体育年鉴带去未来的结果，则是将自己带回到反乌托邦的1985年。当然，电影最终的结果还是传递着"未来很美好，正在伸开双臂欢迎大家"的氛围，毕竟这是好莱坞拍摄的娱乐片。现实从来没有这么美好，这也是我们通过日常生活一点点学会的。

"假如某某生物消失"，这种任性的想法通常不会实现。我们只能不断地和现实妥协，然后选择一个相对不那么坏的未来。

这样看来，一个虽然有乌鸦，但也充满确定性的世界不是也挺好吗？

主要参考文献

Crows of the World 2nd edition / Derek Goodwin / British Museum, Natural History

Crows and Jays / Steve Madge / Helm

Ornithology 4th edition / Frank Gill / WH Freeman

『鳥類学』フランク・B．ギル／山岸哲 日本版監修／山階鳥類研究所 訳／新樹社

『カラスの自然史』樋口広芳・黒沢令子 編／北海道大学出版会

『カラスの文化史』カンダス・サビッジ 著／松原始 監修／瀧下哉代 訳／エクスナレッジ

Mind of the Raven / Bernd Heinrich / Harper Collins